甘肃省精准扶贫丛书·林果系列

YOU GAN LAN

油橄榄

赵梦炯 姜成英 邓明全 戚建莉 编

甘肃科学技术出版社

图书在版编目（CIP）数据

油橄榄 / 赵梦炯等编．-- 兰州：甘肃科学技术出版社，2018.5

ISBN 978-7-5424-2590-4

Ⅰ.①油… Ⅱ.①赵… Ⅲ.①油橄榄－栽培技术 Ⅳ.①S565.7

中国版本图书馆CIP数据核字(2018)第096701号

油橄榄

赵梦炯　等编

责任编辑　韩　波
封面设计　魏士杰

出　版　甘肃科学技术出版社
社　址　兰州市读者大道568号　730030
网　址　www.gskejipress.com
电　话　0931-8125103（编辑部）　0931-8773237（发行部）
京东官方旗舰店　https://mall. jd. com/index-655807.html

发　行　甘肃科学技术出版社　　印　刷　甘肃发展印刷公司
开　本　889mm×1194mm　1/16　　印　张　7　字　数　110千
版　次　2020年12月第1版　2020年12月第1次印刷
印　数　1~1000
书　号　ISBN 978-7-5424-2590-4
定　价　28.00元

《精准扶贫林果科技明白纸系列丛书》

编　委　会

本 册 编 者： 赵梦炯　姜成英　邓明全　戚建莉

前 言

甘肃省是一个森林植被稀少、生态环境脆弱、省域经济落后、群众贫困面大的省份，面临着生态安全屏障建设和精准扶贫攻坚两大艰巨任务。林业科技在生态文明建设中如何把生态建设与扶贫攻坚有机结合，成为我们的重要课题。

甘肃省在中国一级行政区划中，是唯一占有三大自然区［即东部季风区（黄土高原）、西北干旱区（内蒙古高原）与青藏高原区］各一部的省份。从水域分布来看，甘肃省是中国同时包括了长江流域、黄河流域和内陆河流域在内的省份。从气候过渡性来看，甘肃省是中国同时包括北亚热带、暖温带、温带、寒温带等在内的省份。在全省14个市（州）从东南至西北跨度1650km长的空间内，同时有枣树、枸杞、苹果、李、杏、桃、葡萄等栽培分布。除甘肃省外，中国没有任何其他省区同时具有这些特点，这些特点优势，同样为深入研究这些特色果树提供了理想的场所和条件，是中国研究这些果树及其产业发展和示范推广的理想基地。

在甘肃南部的白龙江、白水江流域干热河谷区还是中国木本油料——油橄榄、核桃的最佳适生区，同时，也是品质最好的调味品花椒的适生区。甘肃南部文县碧口、中庙，康县阳坝，武都区洛塘所辖区域，还是中国茶叶分布最北缘且品质最好的产区之一。天水、庆阳、平凉等地是中国苹果的重要产地之一。

在《国务院办公厅关于进一步支持甘肃经济社会发展的若干意见》（国办发〔2010〕29号）中指出：“甘肃要突出发展特色优势农业，积极发展油橄榄、核桃、花椒等地方特色产品；陇南等特殊困难地区要加快发展以中药材、油橄榄、核桃、花椒为主的特色农业，增强自我发展能力。”发展特色产业，培育“比较优势”。林果业是甘肃传统的优势产业，也是最具市场优势和发展前景的朝阳产业之一。甘肃紧紧抓住国家扶持甘肃加快发展的良好机遇，以甘政办发［2010］218号文件的形式下发了《甘肃省人民政府办公厅关于印发甘肃省1000万亩优质林果基地建设发展规划（2010-2012年）的通知》，规划围绕促进农民增收六大行动，以“兴林、富民、强县”为目标，对甘肃省特色林果树种苹果、花椒、核桃、葡萄、枣、梨、杏、枸杞、桃、油橄榄、甜樱桃和银杏等的基地建设和产业发展进行了规划。

为贯彻习近平总书记“着力加强生态环境保护，提高生态文明水平”和“绿水青山就是金山银山”重要指示要求，中共甘肃省委、甘肃省人民政府下发了《关于打赢脱贫攻坚战的实施意见》《甘肃省“十三五”脱贫攻坚规划》总体部署，甘肃省林业厅将退耕还林、三北防护林、天然林保护、特色林果产业、自然保护等五项重点工程，尤其是做好特色林果产业，确定为生态扶贫精准扶贫的重点工作。做好特色林果产业发展，不仅可以带动贫困群众增收，更是保护生态的有效抓手。大力整合资源、集中力量、持续推进，极大地调动了农村贫困人口的脱贫积极性，有效提升了贫困群众的脱贫能力，提高了群众的生活质量，改善了人居生态环境。

为进一步满足特色林果产业扶贫的需要，加大特色林果产业扶贫的力度，宣传甘肃省特色林果品牌，推广先进实用生产技术，我们组织甘肃省内20 多位林果生产一线专家和技术人员，按照指导实践、通俗易懂的原则，从林果产业发展实际出发，紧紧围绕甘肃省的优势林果产业和特色产品，以关键技术和先进实用技术为重点，以通俗易懂的语言、图文并茂的编排、精致的微课堂视频，编写了一套《甘肃省精准扶贫丛书·林果系列》科技明白纸12 册，并邀请甘肃省林业科学研究院、农业科学研究院、农业大学和基层生产一线的林果专家进行了审定。

真诚希望《甘肃省精准扶贫丛书·林果系列》，能够为甘肃省精准扶贫、生态脱贫和特色林果产业的发展提供智力支持，能够为帮助广大果农提升生产水平和脱贫能力，早日实现脱贫致富发挥作用。希望广大林业科技工作者，切实增强“精准扶贫、精准脱贫”工作的自觉性和主动性，继续积极推广和普及林业科技先进实用技术，真正让特色林果产业成为甘肃省精准扶贫工程的抓手和全省生态保护的利器。

中共甘肃省林业厅党组书记、厅长：宋尚有

2018 年 1 月

目 录

油用品种 ……………………………………………1
油果兼用品种………………………………………11
果用品种……………………………………………20
种子的采收及贮藏技术……………………………22
促进种子发芽的方法………………………………23
播种育苗技术………………………………………25
插皮接育苗技术……………………………………27
方块芽接育苗技术…………………………………29
露地冷床扦插育苗技术……………………………31
温室温床育苗方法…………………………………35
苗木的移栽与管理…………………………………38
采穗圃营建技术……………………………………40
园址选择及整地技术………………………………42
品种选择原则………………………………………44
品种配置技术………………………………………45
栽植技术……………………………………………47
栽后管理技术………………………………………48
园土壤管理…………………………………………49
间作技术……………………………………………51
施肥技术……………………………………………53
水分管理技术………………………………………55
高接换优技术——插皮接…………………………57
高接换优技术——腹接法…………………………61
丰产树形的标准……………………………………63
主要树形及造形方法——单圆锥形………………64
主要树形及造形方法—自然开心形………………66
常用修剪方法………………………………………68
常见几种枝条修剪方法……………………………71
幼树修剪技术………………………………………76
结果期树修剪方法…………………………………77
更新复壮修剪技术…………………………………78
病害——苗木立枯病………………………………81
病害——孔雀斑病…………………………………83
病害——叶斑病……………………………………85
病害——炭疽病……………………………………87
病害——黄萎病……………………………………89
病害——肿瘤病……………………………………91
虫害——橄榄片盾蚧………………………………93
虫害——大粒横沟象………………………………95
虫害——云斑天牛…………………………………98
虫害——桃蛀野螟 ………………………………100

油用品种

1. 莱星（Leccino）

原产意大利中部莱切（Lecce）城地区，因产地而命，译名有莱星诺、列齐诺等，又名Leccio、Silvstron、Premice，是意大利主要油用栽植品种。

自花不孕，需配授粉树，产量高，油质好，但大小年严重。平均果肉率75.9%鲜果含油率20%~22%，平均单果重3.69克，平均核重0.59克。苗木定植后，正常5~7年开花结果，8~12年进入盛果期。适应性好，耐寒，对叶斑病、肿瘤病、根腐病有较强的抗性，在土层深厚，通透性良好的钙质土生长强旺。

树形

枝条

花

果

2. 科拉蒂(Coratin)

原产于意大利中南海部普利亚（Puglia）大区，是巴里省（Bari）科拉托（Corato）形成的一个古老的地方品种，有80~100年的栽培历史，译名科拉蒂拉、意丰等，又名Coratese、Cima di Corato，是意大利政府推广的油用品种。

自花结实率高，果实小而密集，成熟期较晚，平均单果重4.53克，平均核重0.96克，平均果肉率80.3%，鲜果含油率19%~23%。适应性广，耐寒，抗旱性中等，大小年明显。

树形

枝条

花

果

3.皮瓜尔（Picual）

原产于西班牙哈恩省，是西班牙的主栽品种，广泛分布于西班牙各地，又名Andaluza、Blanco、Corriente等，是著名的油用品种。

自花结实率高，雌花孕率高，平均坐果率2.3%，平均单果重5.65克，平均核重0.61克。果实成熟期较晚，鲜果含油率23%~27%，油质中上。适应性强，可适应不同的气候和土壤条件，耐盐碱、耐涝不耐旱。抗性强，耐寒，能耐−10℃低温。

树形

枝条

花

果

4.佛奥（Frantoio）

原产地意大利中部托斯卡纳（Toscano）大区，以卢卡、皮斯多亚和比萨等省区为集中栽培区，分布广泛。译名佛朗多依奥，弗奥，又名Corregiolo,Frantoiono,Infrantoio,Nostra等。是意大利著名油用栽培品种。

自花结实率高，果实成熟期较早，平均单果重3.56克，平均核重0.77克，平均果肉率78.5%，鲜果含油率20%~26%。定植后3~5年开花结果，7~10年进入盛果期，但大小年非常明显，管理粗放时甚至有一个大年两个小年的情况，不耐寒，不耐旱，长期干旱时叶片卷曲失绿，果实皱缩。适宜在土壤疏松、肥沃、排水良好的石灰质土壤上种植。

树形

枝条

花序

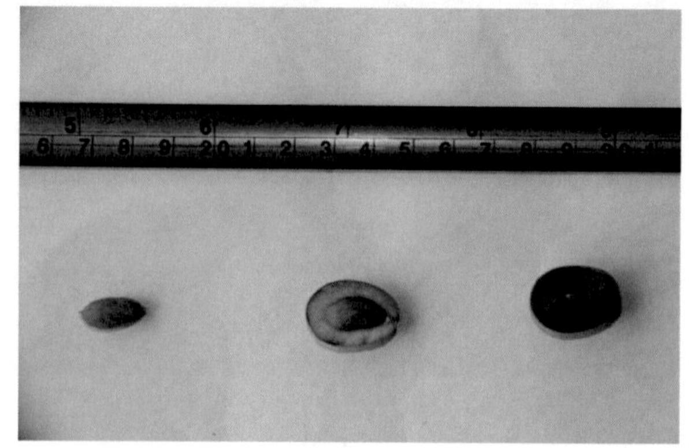

果

5.配多灵（Pendolino）

原产于意大利托斯卡纳地区，以佛罗伦萨（Florence）、马尔凯大区栽培最多，译名有佩杜利诺、本多林诺，又名Pi-angente，是主要的油用品种，可作授粉树。

自花不孕，果实成熟期较晚，平均单果重12.74克，平均核重1.31克，平均果肉率87.2%，鲜果含油率18%~20%。适应性强，耐寒耐旱，结果稀少，抗果蝇，抗晚霜，抗孔雀斑病能力中等，不抗叶斑病、肿瘤病和煤污病。

植株

枝条

花序

果

 6. 阿尔伯萨纳（Arbosana）

原产于西班牙，又译阿布桑娜，是主要油用品种。自花结实率高，果实成熟期较早。平均单果重 2.55 克，平均核重 0.43 克，平均果肉率 84.3%，鲜果含油率 19%~20%。该品种大小年不明显，不抗寒，气温过低或低温期过长灰造成全树叶片受冻害或落叶，但第 2 年春季气温转暖时又长出浅绿色新叶，仍正常开花结果，被称为“落叶型油橄榄”，对水分胁迫敏感，抗叶斑病，抗油橄榄果蝇。

植株

枝条

花

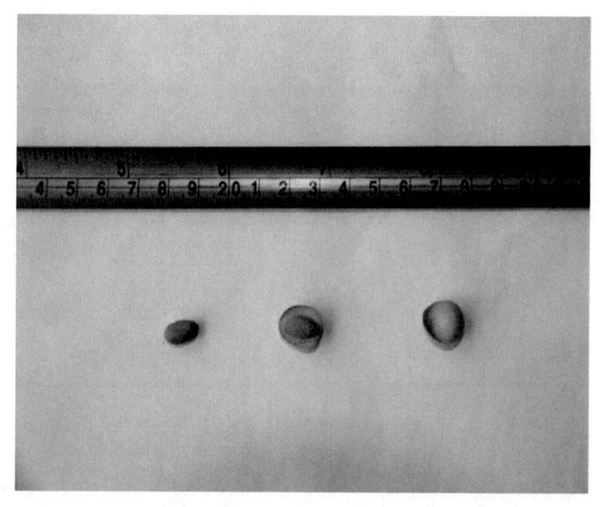

果

7. 豆果（Arbequina）

原产于西班牙莱里达（Lerida）省，广泛分布于加泰罗尼亚自治区（Catalonia）、加里格斯（Les Garrigues）、莱里达省（Lleida）等地区，译名有阿贝奎纳，阿尔卑奎纳，又名Arnepui、Arnepuin、Blancal等，是西班牙北部主要油用品种。

自花结实率高，花量中，果实成熟期较早，平均单果重2.35克，平均果核重0.39克，平均果肉率83.4%，鲜果含油率20%~22%。该品种适应性强，抗性强，不耐寒，抗盐碱，耐湿，适度耐旱。

植株

枝条

花序

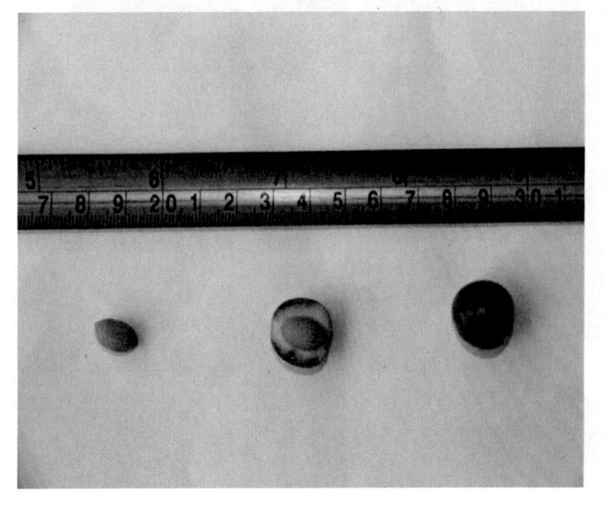

果

8. 柯基（Koroneiki）

原产于希腊该品种为希腊克里特岛主栽品种，译名有奇迹、克若尼克、科拉喜，又名Coroneik，是希腊克里特岛主栽油用品种。

花期早，花量大，果实成熟期晚，平均单果重1.12克，平均核重0.25克，平均果肉率77.7%，鲜果含油率22%~27%。该品种产量高，大小年不明显，抗盐碱，耐旱，抗风，干旱时不耐低温，喜气候温和。

植株

枝条

花

果

9.米扎（Mixaj）

原产于阿尔巴尼亚爱尔巴桑区，是爱尔巴桑和地拉那地区的主栽油用品种，译名米德扎，又名Pejinit、Dekat。

果实成熟期较早，平均单果重1.67克，平均核重1.02克，平均果肉率82.1%，鲜果含油率19%~25%。适应性强，结果早，大小年明显，抗寒性强，抗孔雀斑病能力强。

植株

枝条

花

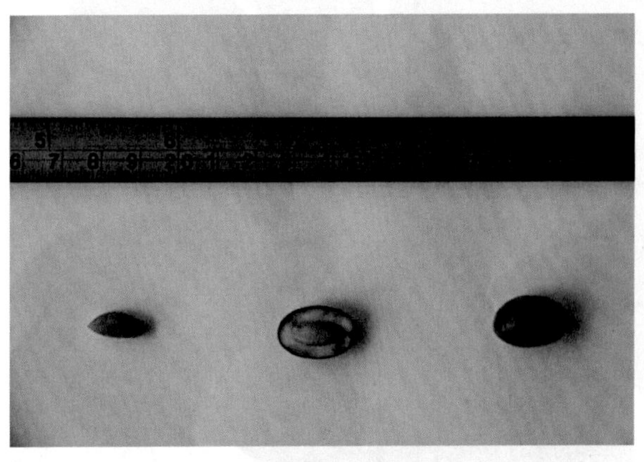

果

 10.云台（YunTai）

由江苏省植物研究所从苏联引进的“尼Ⅱ”品种的种子播种所得的实生苗中选出，是油用品种。

自花结实率高，花期早，花量大，果实成熟期较晚，产量低。平均单果重2.38克，平均核重0.27克，平均果肉率89.2%，鲜果含油率18%~20%。该品种大小年现象不明显，丰产、稳产、抗寒性很强抗性较强。

植株

枝条

花

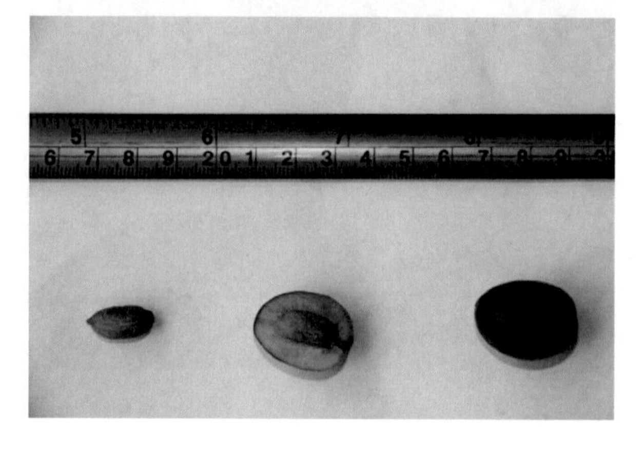

果

油果兼用品种

1.小尼（Nikitskii）

原产于黑海沿岸阿普歇伦半岛，译名尼基塔2、尼Ⅱ、尼2，是油果兼用品种。

花量少、花期中、果实成熟期较早，大小年明显，平均单果重4.82克，平均核重0.65克，鲜果含油率18%~22%适应性强，抗寒性强，抗孔雀斑病能力强。

植株

枝条

花

果

2.贺吉（Hojiblanca）

原产于西班牙，主要分布在西班牙南部，是Lucena区的优势品种，译名有贺吉布兰克、贺吉布兰卡、白叶，又名Lucentino、Casta de Cabra，是油果兼用品种。

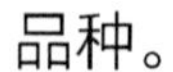

自花结实率高，花期较晚，果实成熟期较晚，平均单果重4.52克，平均核重0.61克，平均果肉率86.5%，鲜果含油率20%~22%。适用性强，抗寒，耐干旱，抗性强，扦插易生根耐碱性土。

植株

枝条

花

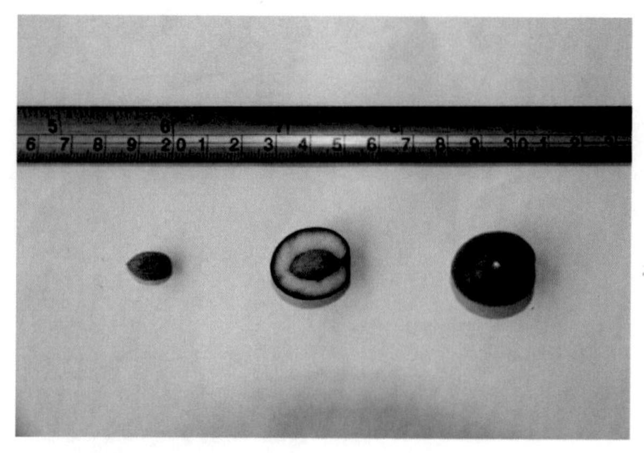

果

3. 卡林（Kaliniot）

原产于阿尔巴尼亚南部沿海的发罗拉（Vlora）省，译名卡林尼奥特，又名Ka - linjoti、Kanine，是阿尔巴尼亚著名油果兼用品种。

自花结实率低，完全花比例高，花期早，产量低。平均单果重1.24克，平均核重0.31克，平均果肉率75.8%，鲜果含油率可达17%~19%。耐土壤瘠薄，抗寒性较强，抗旱力中等，大小年严重抗病虫害差。

植株

枝条

花

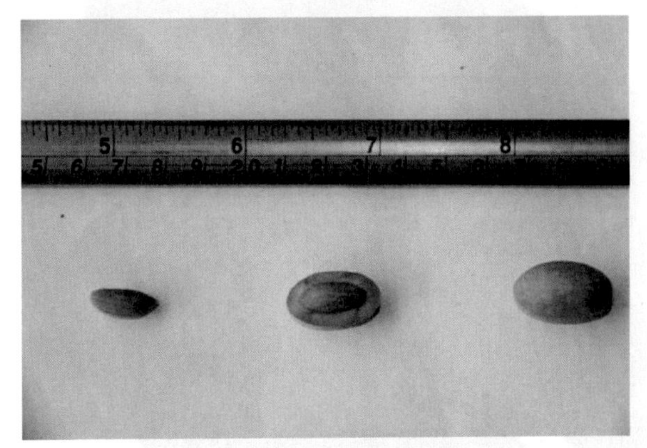

果

 4. 格洛桑（Grossane）

原产于法国马赛，译名格罗桑，又名Groussan，是油果兼用品种。

自花结实率低，果实成熟期较晚，产量低。平均单果重3.26克，平均核重0.53克，平均果肉率82.4%，鲜果含油率16%~18%。适应性强，较耐寒，耐旱性强，不耐涝。

植株

枝条

花

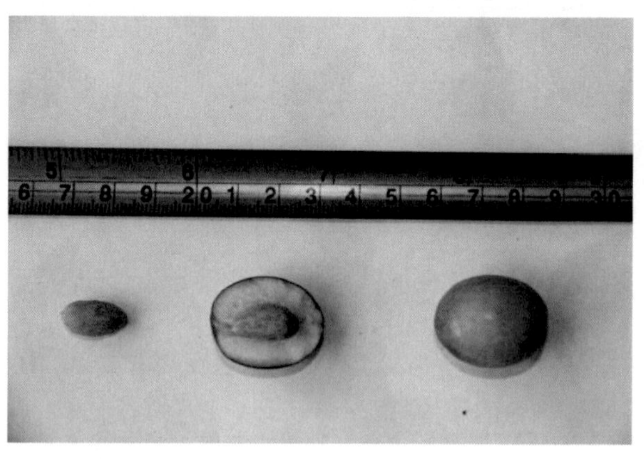

果

5.鄂植8号（Ezhi-8）

由湖北省植物研究所从油橄榄种子播种所得的实生苗中筛选出优良单株，曾在湖北省广泛种植。目前甘肃省陇南市种植最多，为该地区主栽油果兼用品种。

异花授粉座果率高，雌花孕育率高，果实成熟期较晚，产量高。平均单果重3.16克，平均核重0.74克，鲜果含油率13%~16%，油质中上。该品种大小年明显，适应性强，耐旱，早实，在土壤质地疏松、排水良好、光照充足的地方种植后通常3年可开花结果，病虫害少。

植株

枝条

花

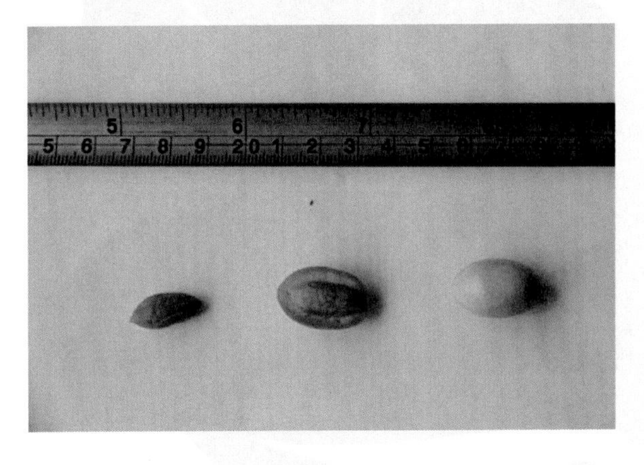

果

 6. 城固32（Chenggu32）

由江苏省植物研究所从柯列品种种子繁殖的实生苗中选育出的优良单株，是油果兼用品种。

自花结实率高，花量大，果实成熟期较早，产量高。平均单果重3.92克，平均核重0.83克，平均果肉率78.7%，鲜果含油率16%~18%。对不同气候和土壤适应性强，病虫少，结果早，抗性强，特别是抗寒性强。

植株

枝条

花序

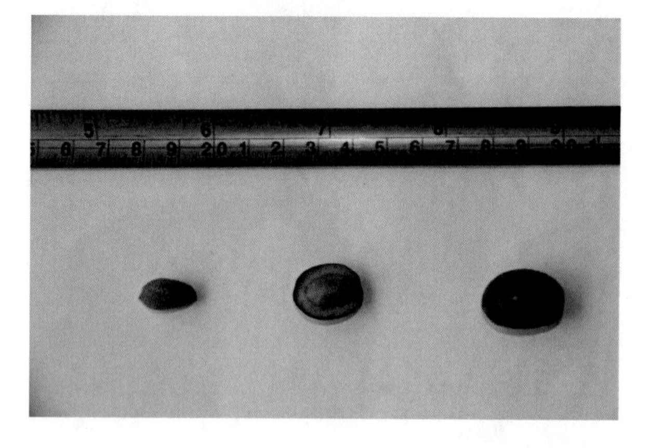

果

7. 城固53（Cheng gu53）

由江苏省植物研究所从尼I实生扦插苗中选育出的优良单株，后送到陕西省城固县柑橘育苗场，该品种是油果兼用品种，可做砧木。

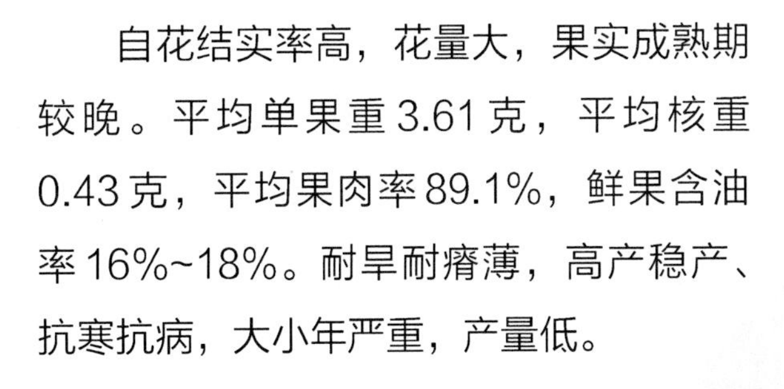

自花结实率高，花量大，果实成熟期较晚。平均单果重3.61克，平均核重0.43克，平均果肉率89.1%，鲜果含油率16%~18%。耐旱耐瘠薄，高产稳产、抗寒抗病，大小年严重，产量低。

植株

枝条

花芽

果

8.中山24（Zhong shan24）

由江苏省植物研究所从苏联引进的阿斯品种种子繁殖的实生苗中选出，是油果兼用品种，还可作砧木。

自花结实率高，花量大、果实成熟期较晚，产量高，结果不稳定。平均单果重6.13克，平均核重0.91克，果肉率86.2%，鲜果含油率18%~20%。适应性强，抗寒性强，抗叶斑病，抗炭疽病弱。

植株

枝条

花序

果

 9.九峰6号（Jiufeng6）

由湖北省林业科学研究院在九峰山林场油橄榄试验园选出，是油果兼用品种。

自花结实率低，仅为0.4%，产量低，平均单果重3.36克，平均果重0.42克，平均果肉率82.1%，鲜果含油率9%~21%。适应性强，耐旱，病虫害少，生长和结果性状不够稳定。

植株

枝条

花芽

果

果用品种

1. 戈达尔（Gordal Sevil－lana）

原产于西班牙西南部的塞维利亚省（Seville），被世界广泛种植鲜果，以果实大而得名，译名有果大尔，又名Bella bi spagna、Mollar、Gordalni、是西班牙著名的果用品种。

自花结实率低，异花授粉坐果率高，果实成熟期较晚，产量低。平均单果重12.21克，平均核重2.07克，平均果肉率88.6%，鲜果含油率19%~21%。该品种要求水肥条件和精细的园艺管理措施，喜凉爽干燥气候，较抗寒，不耐旱，大小年严重，抗孔雀斑病，对肿瘤病、炭疽病敏感。要求在土层深厚、通风性好、有灌溉条件、肥力的土壤上栽培。

植株

枝条

花序

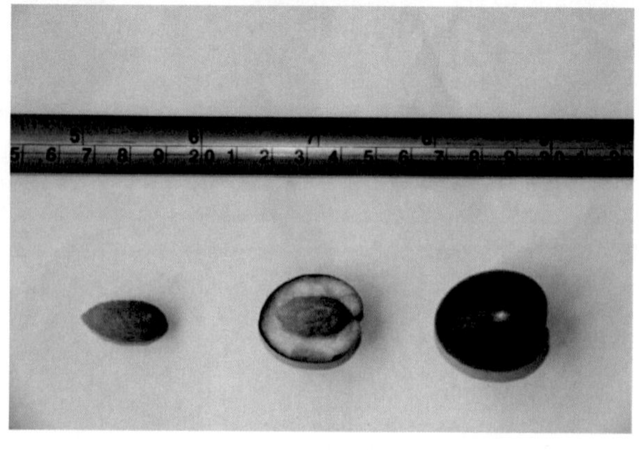

果

2. 小苹果（Manzanilla）

原产西班牙，这是世界上分布最广泛的品种，是西班牙和美国的主栽品种。译名有曼萨尼约，又名Perillo，Manzania，Manzanilla de carmona，世界著名的果用品种，由于果大形似苹果而得名。

自花结实率低，花期较晚，结果早，平均单果重4.76克，平均核重0.43克，果肉率91.3%，鲜果含油率15%~20%，油质较好。该品种适应性强，抗寒能力中等，生长不甚旺盛，结实早，大小年不明显。根系发达，抗病能力较弱，易感孔雀斑病、橄榄瘤和枯萎病。

植株

枝条

花

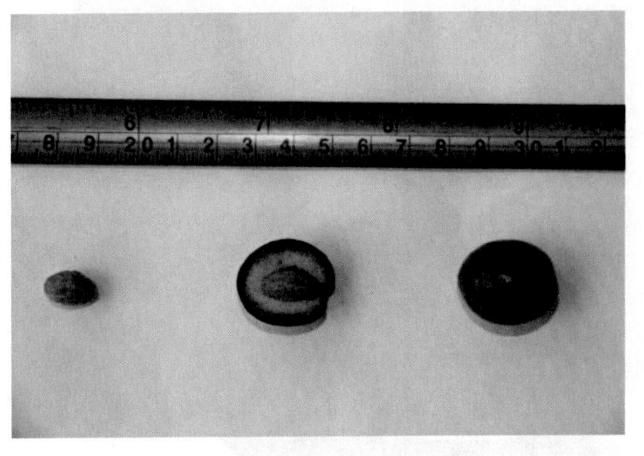

果

种子的采收及贮藏技术

1. 种子采收时期

油橄榄种子成熟分为生理成熟期和形态成熟期两种。

生理成熟期：外观判断当果皮颜色由青绿色转为淡绿色时，即青熟果。在甘肃陇南一般在8月下旬至9月初，此时采集种子播种发芽率高，为最佳采收期。

形态成熟期：外观判断当果实由绿色变为紫红色或紫黑色，即完熟果。在甘肃陇南一般在11月上旬至12月上旬。

2. 种子的采收

手工采收。把采回的果实将果肉与种子剥离，洗净种子，以待后用。

3. 种子的贮藏

如果剥离的种子不及时播种，需进行贮藏。将洗净的种子摊放在通风良好的室内阴干，装于麻袋或布袋中准备贮藏。

（1）临时或短期贮藏

应选择通风、阴凉、干燥的房间，将种子袋置于货架上，并保持种子袋之间的空气流通，防止受潮霉烂。

（2）长期贮藏

最简单的办法就是将种子与清洁的干沙分层把种子摊放在凉爽通风的房间地面上，沙子与种子的比例为3∶1，先铺一层3厘米的干沙，再铺1厘米厚的种子，然后一层沙一层种子一层沙，依次类推，堆积厚度不超过40厘米。

另外，油橄榄种子贮藏生活力随着贮藏时间会减弱，因此贮藏时间不能超过2年。

完熟果

青熟果

促进种子发芽的方法

油橄榄种子发芽比较困难，发芽率不高，且发芽时间参差不一，管理困难。因此需要对种子进行处理，促进种子发芽。

1. 器械破壳处理

可以将油橄榄种子外壳借助器械进行碎壳（将种壳击碎）、裂缝（击破核壳，掌握力度，只留数条小的裂缝，而种子的外形完整）和去尖（用钳子将种壳的尖端剪去1/5~1/3），露出种仁即可，掌握力度，以不损伤种仁为准。

2. 药剂处理法

播种之前把油橄榄种子放在25℃~30℃的温水中浸泡4~6天，每日换水1次，取出种子风干，然后用400毫克/千克浓度赤霉素（GA_3），浸种24小时，取出种子后沙藏。

3. 沙藏催芽

沙藏的方法是：取一容器（大小按种子多少而定），先放一层湿河沙（沙的湿

油橄榄种子

沙藏种子

度以手握不滴水，手松不散团为度），厚约5~10厘米。然后撒上一层种子，厚2厘米左右，再撒一层河沙厚约5厘米，依次类推，直至将种子藏完为止。最上一层河沙厚为5厘米。层积高度不超过40~50厘米，沙藏过程中，每隔3~5天，用筛子筛出种子，对沙的含水量调整以前，再依上述方法进行层积沙藏处理。

完熟果种子沙藏30~60天后，种子开始裂口，待裂口数达到10%以上时，即筛出播种。

青熟果种子沙藏30天左右，种子开始裂口，裂口率高的可达20%~30%。

药剂处理种子

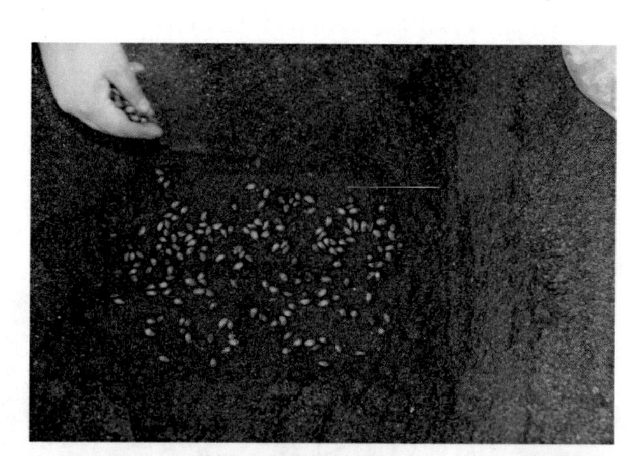

沙藏种子

催芽后种子

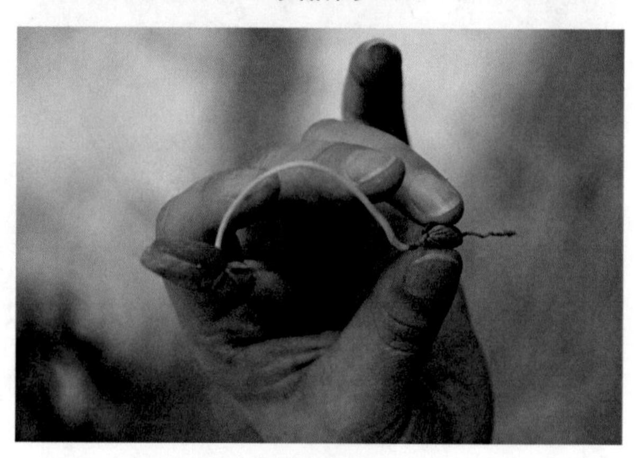

种子发芽照

播种育苗技术

1.苗床准备

播种床土壤要求疏松肥沃、排水良好，苗床宜作成高床，以利排水。床高20~25厘米，床宽1.0~1.2米，床长4~6米，根据需要而定可加长或缩短。苗床间留步道宽30~40厘米。播种前床土用0.2%~0.3%浓度的高锰酸钾，或用多菌灵500倍液喷洒消毒。

苗床设在露地和温室均可。

2.播种时期

青熟果种子，随采随催芽随播种。

全熟果种子，采种后处理至种子裂口即可播种。

3.播种量

每平方米播种0.5~0.8千克，约1000~1200粒，可出苗约300~500株。

4.播种方法

采用条播、撒播均可。种子播好后在上面覆盖一层厚度为1.5~2.0厘米的消过毒的细沙土。播后浇透水，浇水要均匀，防止种核露出土层。沙土上面铺一层稻草或松针。

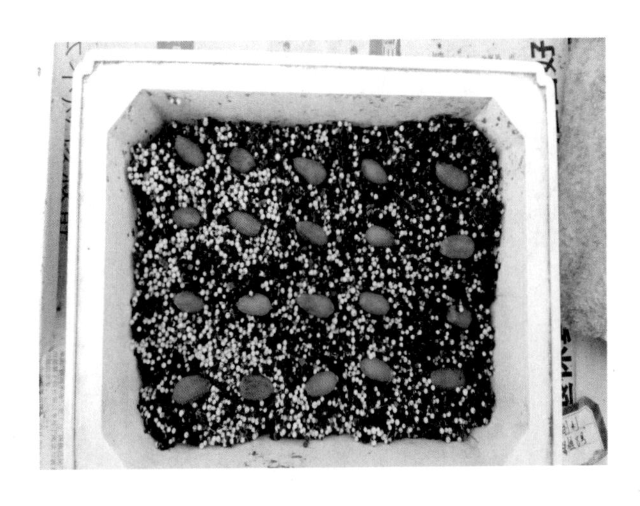

种子育苗

种子育苗

5.播后管理

要保持播种床面表土湿润，疏松不板结。洒水不能漫灌只能洒在覆盖物表层，直到种子发芽出土。

出苗后及时撤除床面上的覆盖物，在苗床表面施一层草木灰，既防病又施肥，效果良好。幼苗出齐后，苗床应每隔半月喷施一次800倍多菌灵杀菌剂或喷施一次1%的等量式波尔多液，预防苗木立枯病、猝倒病的发生。

6.移栽

在幼苗长出4~5对叶子的时候，最适宜移栽。移苗要求在天气转暖时进行。用起苗铲小心将幼苗铲起，不伤根系。栽植时轻拿轻放，使幼苗直立，保持根系舒展。将幼苗移栽在大田中或营养袋中培育大苗。

7.移栽后管理

移栽后要及时松土除草。

幼苗生长期5~8月，每半月喷洒0.2%磷酸二氢钾一次，每亩施氮肥0.5千克。

苗期预防地老虎、蛴螬等害虫吃根和预防根腐病。进入9月后，开始控制浇水和氮肥施入量以提高苗木的木质化程度。

雨季注意排水，防止积水。

种子育苗

种子育苗

插皮接育苗技术

适用于地径≥1.0厘米较粗的油橄榄实生苗，方法类似高接换优插皮接。

1. 切砧

在距离地面10厘米处切断砧木苗，断面削成平口，选择砧木光滑处纵向切开砧木树皮，长约3厘米，深达木质部。

2. 削接穗

接穗截成长5~6厘米，上留芽2个，将其下部的一面削成长约2~3厘米的马耳形削面，削面深达木质部髓心。

3. 插接穗

剥开砧木切口的树皮，将接穗削面从

插皮嫁接

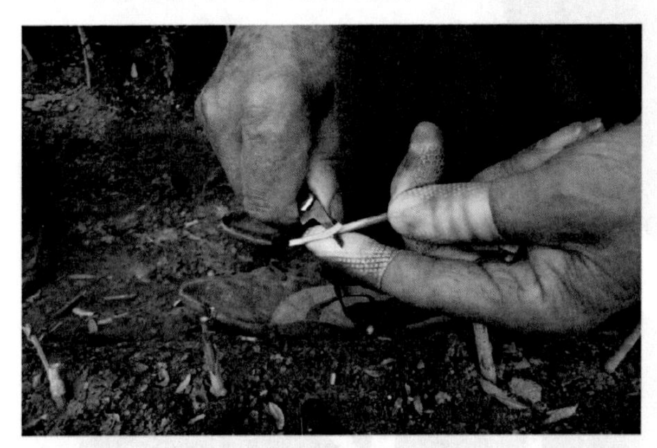
插皮嫁接

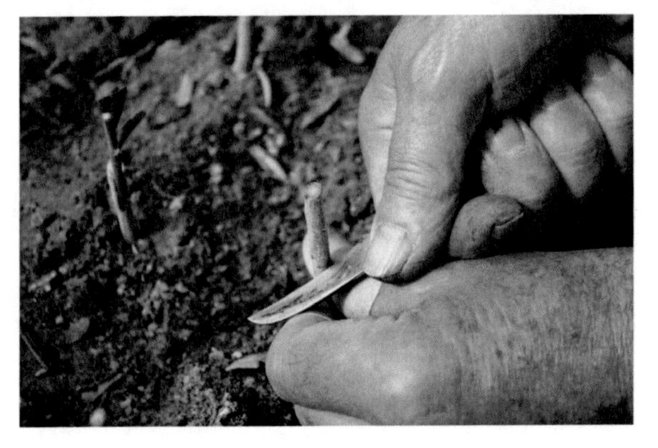
插皮嫁接

插皮嫁接

砧木木质部分向下插，至接穗切面微露白为止，使接穗紧贴砧木，插后用塑膜带包扎牢固、封口。

4.接后管理

待接穗萌发后，选留生长健壮且垂直的一个枝条继续生长，其余芽可全部摘除，同时解绑，以利茎的粗生长。另外砧木上的萌芽条也要及时抹除。在风大的地方可立支柱防风折。

5.苗期管理

苗期以施氮肥为主，在6、7、8月的上旬施尿素，用量依次由少及多，进入9月后控制施氮肥和浇水，可适量加入磷、钾肥或草木灰，以提高苗木的木质化程度。除施肥外，还要注意清沟排水，松土除草和病虫害防治工作，以利培养优质壮苗。

插皮嫁接

插皮嫁接

插皮接培育的苗木

插皮接培育的苗木

方块芽接育苗技术

在春季树液流动叶芽萌动时，砧木皮层容易剥离，适合用此法嫁接。

1.削芽片

在接穗上选饱满芽，在芽的上端1.0厘米处横切一刀，切口宽0.5~0.8厘米左右，深达木质部，然后从芽的下部1.0~1.5厘米处，横切一刀，在沿切口宽在芽的两侧各纵切一刀，形成长2.0~2.5厘米，宽0.5~0.8厘米的方块芽片，再用嫁接刀从下往上削一薄切面把接穗取出，不带木质部。

2.切砧

在砧木需要芽接的地方，选一段平直光滑的部位。切一个方块字形切口，深达木质部，长度与宽度与芽片相同，小心剥开树皮备用。

3.插芽片

将削好的芽片，从剥开的树皮内插入，以接穗顶端与横切线密切结合，用塑料包扎紧，露出芽眼。

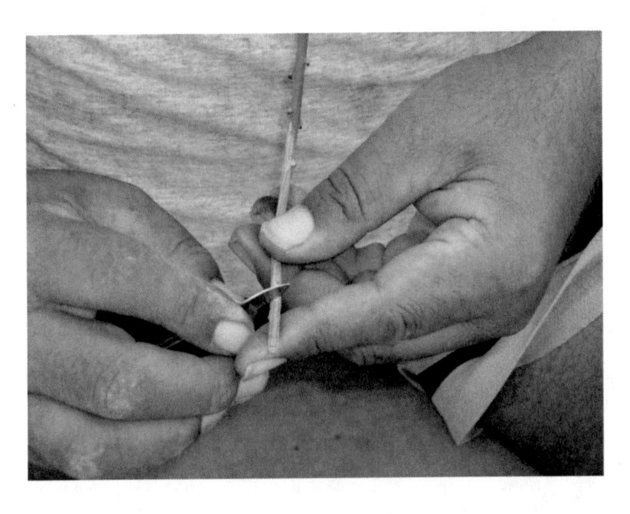
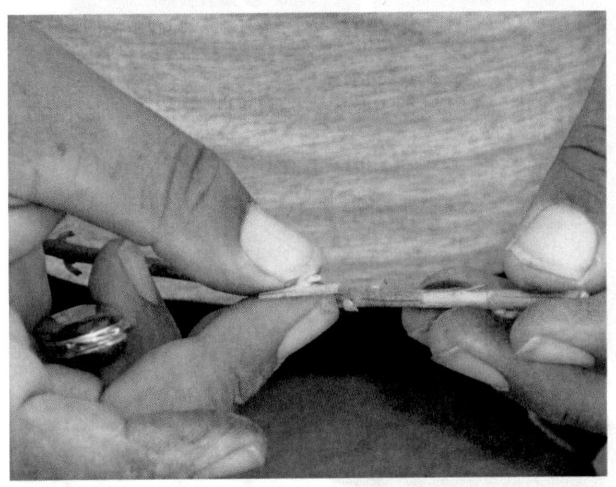

方块芽接

4.接后管理

接后应及时抹除砧木上的萌芽，以减少养分和水分的无效消耗，提高嫁接成活率，促进接芽萌发和新梢生长。当接芽萌发至5厘米左右时可在接口上方 2 厘米处剪砧。当新梢长5～10 厘米，要及时解绑促其加粗生长。

5.苗期管理

嫁接前后一周内禁忌浇水，当新梢长至 10 厘米以上时方可进行施肥浇水，应将追肥、灌水与松土除草结合起来，以减少不必要的开支。进入9月后，控制施氮肥和浇水，适当增施磷、钾肥，以提高苗木的木质化程度。接芽萌发后枝叶幼嫩，易受病虫危害，因此，应根据病虫发生情况及时喷杀菌杀虫剂进行防治。

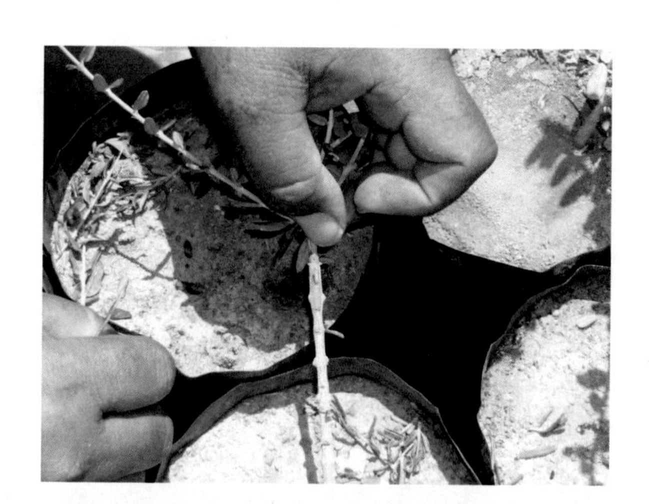

方块芽接

方块芽接

露地冷床扦插育苗技术

1. 苗圃地的选择

选择背风向阳、水源充足、排水良好、交通便利的地方。

2. 插床设置

在背风向阳的地方，挖深60厘米，四周用砖或土砌成墙，墙高20~40厘米，长边床墙向阳面略低，以便覆盖塑料布后形成一个斜面，苗床宽1米，长6~8米，床内下层填20厘米的粗石砾，向上依次填入20厘米厚的稻草，20~25厘米厚的细河沙，用500~800倍代森胺或0.5%的高锰酸钾消毒，扦插前用清水将药液冲淋干净。

3. 扦插季节

陇南武都秋季扦插以10上旬~11月下旬最好。

4. 插条采集

采集无病虫害的优势树冠中、上部结果枝或1年生枝作插穗。插穗随采随扦插。

露地冷床扦插

露地冷床扦插

5. 插穗剪截

插穗留4~6节，长度8~12厘米，上端留1~2对叶（2~4片叶），其余叶片除去，剪截时上剪口在距第1节上0.5~1.0厘米处平剪，下剪口应紧靠基部节，平剪。剪好后按50~100根扎成捆，立即放在清水中浸泡。

6. 插穗处理

插前用2000~4000毫克/千克的吲哚丁酸（IBA）石膏粉糊剂速蘸，蘸深3厘米。

7. 扦插方法

用一块长100厘米、宽5~6厘米的薄木板，将木板平放在插壤表面，在紧靠木

露地冷床扦插

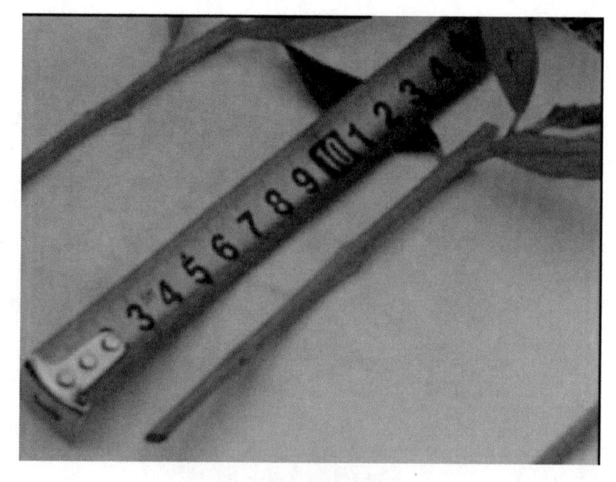

露地冷床扦插

露地冷床扦插

露地冷床扦插

板的一侧边开沟，沟深6~7厘米；将插条直放入沟内；回填插壤埋实插条基部，深度为插条的1/2；插条的行距为木板宽度即5~6厘米，株距为3~4厘米，保证插条上有叶片，相互之间不要重叠，让叶片都能接受阳光，插后立即浇透水。

8.插后管理

在床周围墙体上每隔1.5~2.0米搭几个木条或钢条，上面覆盖塑料布，同时在插壤中插入2~3个温度计，深度6~7厘米，并在棚的中央悬挂干湿计。

（1）温度管理

插条愈伤生根温度15℃~22℃。若下午床内温度过高，需揭开插床两边的塑料布通风降温，若温度过高，可在塑料布上喷凉水降温。若温度过低，要适当延长光照时间，夜间可增加双层塑料布或草帘覆盖保温。若在后期插条生根并抽出新梢后温度过高时，可用遮阴、撤塑料布、通风、喷雾等手段降温，维持床温不超过20℃~24℃，气温不超过26℃。

（2）湿度管理

要求空气相对湿度保持在85%~90%以上，插条及其叶片湿润有光泽。判断插壤水分和相对湿度的方法有：①手握插壤成团，松开即散，手掌湿润并沾有细沙粒时的水分为最适宜；②在插床两头及中间抽样检查，每样点拔出2~3根插条，当插条下部表面湿润，剪口周边沾有细沙粒的水分为适宜湿度；③每日上午7~8时观察，拱棚内塑料布上布满水珠为最适宜。

露地冷床扦插

露地冷床扦插

凡不符合上述标准的应采取措施或补充水。

冷床保湿性能较好，插壤浇透水后，在封闭的情况下，一般可维持7~10天。在冬季低温时期，视插壤水分和湿度状况，适时喷水，每次补水量约为1.5~2.0千克/平方米，尽量利用插床内水分蒸发、凝结和自然循环进行调节，减少浇水次数，这对于稳定插壤温度促进生根极为重要。

（3）光照管理

扦插后6~10天，必须遮阴。在插条愈合至生根阶段，需要适当的光照，在上午11点前至下午4点后，卷起插床部分草帘，增加光照。在生根抽梢阶段，在保持温度（18℃~22℃）的情况下，逐渐增加光照时间。

（4）通风管理

在保持插壤水分、温度适宜的情况下，要做好插床的通风。通风时间可根据天气情况调整，晴天气温高时，早中晚各通一次，天气寒冷或阴雨天时，中午通风1次，每次时间不宜太长，每次15~20分钟。插条生根后移栽前，要增加通风和光照时间。

9. 炼苗

当扦插幼苗根长2~5厘米时可移栽，移栽前两周逐步揭去温室上的草帘和塑料薄膜进行“炼苗”。

10. 塑料大棚（日光温室）冷床扦插

插床规格可根据大棚或温室的土地面积合理设计。作床时挖深20~30厘米，用土或砖砌成埂，床宽100厘米，长5~6米，床间距60~80厘米。在床上铺洁净河沙作为插壤，厚18~20厘米，插床上用塑料小拱棚覆盖，大棚外用草帘遮阴及保温。

其余环节步骤方法同露地冷床扦插。

大棚冷床扦插

大棚冷床扦插

温室温床育苗方法

1. 插床准备

在日光温室内，按温室面积设计插床、步道；先在插床区挖深18~20厘米的坑，将底面整平，四周用砖块围边；在插床内底层铺5厘米厚的细沙；细沙上面铺一层耐30℃~40℃的隔热材料；在隔热材料上面均匀地铺设、两端呈“U”字型折回排列的地热线，两相邻地热线间隔10~15厘米，将地热线固定在苗床两端、拉直；在地热线上覆设15厘米厚的湿沙；电热线一端安装控温仪，接上电源；扦插前把床面整平，然后用质量百分比浓度0.5%的高锰酸钾水溶液喷洒床面进行消毒；细沙粒度为0.5~1.5毫米。

温室温床育苗

2. 插穗采集

选择1年生幼树作为采集插穗的母树，选择无病虫害、成熟度好的枝条作插条；插条剪成长度10~12厘米，留4~6节，顶端上留2~4片叶，上端距芽0.5~1.0厘米处剪平，下端剪成斜马耳形；剪好后每100根捆成一捆，剪条过程与成捆后需经常喷水保持插条枝叶湿润。

3. 插条处理

将剪好的插条根部放在1000~2000毫克/千克吲哚丁酸(IBA)水溶液中浸泡一夜，浸泡深度5厘米；第二天插前将插条蘸取吲哚丁酸滑石粉合剂，蘸取深度3厘

温室温床育苗

米。用吲哚丁酸2000毫克/千克溶液加入适量的滑石粉调成糨糊状，制得吲哚丁酸滑石粉合剂。

4. 扦插方法

同露地冷床。

5. 扦插时间

11月~翌年2月。

6. 插后管理

保持日光温室内温度18℃~20℃，湿度90%~95%，使插条及其叶片湿润有光泽，防止失水萎蔫；保持插床土壤温度23℃~25℃，含水率60%~70%；扦插后35~40天产生愈伤组织，45~55天生根，而后下床。

温床育苗的关键也是温度、湿度管理。保持插壤温度23℃~25℃的做法是将

温室温床育苗

温室温床育苗

温室温床育苗

温室温床育苗

控温仪温度设定在25℃；插壤的水分不易太多，插壤含水率保持在60%~70%，最简便检测方法是手握插壤成团，松开即散，手掌湿润并沾有细沙粒为水分适宜，水分过多根部易腐烂。

7.生根后管理

当插穗大部分生出白色的根时，关闭电源及温控器。待根长到3~5厘米，颜色变褐色时，可下床。在下床前必须进行约2~3周时间的炼苗，逐渐打开温室通风设备，使苗床中的温度和自然界的相同，从而让幼苗慢慢适应自然界气候的变化，提高下床移栽成活率。

温室温床育苗

温室温床育苗

温室育苗

温室育苗

苗木的移栽与管理

油橄榄插条生根后，不适应大地露天环境，也不能立即上山造林，需继续培养成苗后才能出圃上山种植。

1. 翻床

插条经过3~5个月以后开始生根。已生根的插条从外观上可以看出，插条新鲜，腋芽开始萌发，长出一对小叶，表明插条已经生根，这时的苗木叫下床苗。当插床有50%以上插条生根后，进行第一次翻床，将已长根的插条和未生根的插条分成两类：生根好或不生根的。已生根的插条翻床取苗时，应尽量做到不断根和少断根，要轻拿轻放，防止日晒和风吹，将已长根的插条用湿毛巾、湿报纸等覆盖根系，移到苗圃地栽种。注意防止碰伤扦插条的根系和苗上的嫩梢和叶。插条根系较长超过10厘米的，要适当的修剪，长度控制在5~8厘米，以免移栽时造成根系弯曲而影响成活。对于未长根系的插条，要去掉那些枯死的插条，再次用激素处理，重新插入扦插床内继续培养。经过2~3个月后再翻床1次，成活的移栽，不长根的丢弃，扦插告一段落。

2. 下床苗移栽

下床苗的移栽是扦插育苗的最后一个关键。下床苗移入育苗容器中培养，可大

下床苗

移栽

大提高成活率。育苗容器可选择营养钵或营养袋。可根据培养目标选择大小，一般选择黑色或褐色营养钵。营养钵中可用经过消毒的肥沃表土或配制专门营养土，一般营养土的配方为腐殖土40%，黄土30%和沙土30%。

将下床苗直接移植于营养钵或营养袋中，深度与下床苗在插床上保持一致。装好的营养钵或营养袋排放于大田苗圃培育，用遮阴网进行遮阴。

移栽时间：阴雨天，空气湿度大可全天移栽；晴天在早晚移栽，移栽时应在遮阴棚内进行。

3. 移栽后的管理

下床移栽后，应立即浇透定根水，使土壤与根条紧密结合，以后要保持土壤湿润，但不能过湿或积水，灌水要根据天气与土壤墒情而定，正常情况下每周灌水1~2次。当插条萌发长新梢后，可以去掉遮阴棚。

苗木生长期6~8月，每月施尿素两次，每次浓度0.2%。当年秋季苗木可出圃造林，也可以培育成大苗，大苗高1.5~2.0米，在苗圃地内完成幼树整形、修剪。

大田培育

田间管理

采穗圃营建技术

1.圃地选择

选择地势平坦、土层深厚、灌溉和排水条件良好，地下水位在2米以下，土质以沙质壤土或中壤土为宜。冬季极端气温高于-10℃，土壤pH值在6.5~7.5，土地集中连片，地下病虫害少，交通便利。采穗圃面积依据不同区域油橄榄种植的规模确定，一般每个采穗圃面积不小于50亩。

2.品种选择

采穗圃所使用的接穗必须来源清楚，品种纯正。应优先选择经国家或省级林木品种审定委员会审（认）定的油橄榄品种。如：莱星、佛奥、科拉蒂、鄂植8号等。

3.建园

全园除杂清理， 株行距按3米×3米或3米×4米，规格为80厘米×80厘米×80厘米。

回填定植穴时，先回填表土20~30厘米至穴内，然后按每穴30千克腐熟农家肥、1千克复合肥比例与土壤一道拌匀，回填至穴内，然后再覆土回填，回填高度略高于地面10~20厘米。待苗木定植好后,浇足定根水。待沉降后再扶苗覆土，之后用箭竹棍扶正苗木并用塑料带绑扎好，以防止苗木被风摇动或倒伏。

4.抚育管理

（1）施基肥

采穗圃冬季(12月中下旬)每株施复合肥0.11千克，鸡粪0.5千克。按辐射沟或环状沟方式，浅挖15厘米，均匀施入所需肥料，覆土。亦可在树盘内按半环状沟方式进行。

（2）灌溉与排水

土壤水分不足时应补充灌水，在陇南通常萌芽前、4月上旬、5月上旬、6月上旬各灌一次透水，8~9月视降雨情况而定，干旱时应及时灌水。低洼和容易形成积水的园地应修建排水沟，当地面积水时，应及时排水。

（3）中耕除草

夏季生长季适时中耕除草，除进行中

耕结合人工除草外，由于雨季杂草生长迅速，还可在5月、10月采用小型机械旋耕松土除草或人工除草，禁止使用化学除草剂除草。

（4）追肥

每年的4月、7月中旬结合中耕，按环状沟或辐射沟方式追肥，主要是追施复合肥和硝酸钙钾等，每株施肥量为0.125千克。

为了油橄榄苗快速生长，多产枝条。每年的5月、6月、7月、8月均用磷酸二氢钾按0.10%~0.15%的比例实施叶面追肥，同时结合叶面追肥补充硼肥。

（5）整形修剪

修剪形成树型并生产出高质量、符合生产需要的穗条。树型根据树木生长情况确定，定干高度为80厘米。采穗条多采用重剪，促进多发枝，同时剪除脚枝、干枯枝、病虫枝等。

采穗圃

采穗圃

园址选择及整地技术

1. 园址选择

（1）选择相对集中连片、交通方便、水源充足的地方。

（2）在山地种植油橄榄，应选择阳坡，坡度要在15度以内。

（3）要有充足的水源。

（4）土壤pH值在7~8之间。

（5）要求沙质土壤，黏土地需掺沙改良后再种。

（6）在1.0米深度的土壤层中不能有不渗透水层，地下水位低于1.5米。种植水稻的土壤一般不适宜栽培油橄榄。

（7）为了防止青枯病的发生，种植过辣椒、番茄等茄科作物的土地不宜马上栽植油橄榄，需要改种其他作物2~3年，再栽植油橄榄。

2. 整地

（1）整地时间：

最好是先年夏秋整地，春季栽植，有利于土壤熟化和保墒。

（2）整地方式：

①平地或坡度较小的地方要求进行全垦深翻，先将表土推放在一边，然后用挖机挖深80厘米，破碎推平，再将表土均

平地橄榄园

山台地橄榄园

匀铺在上层推平。

②坡度较大（超过20度）的坡地进行带状整地，通常带宽120~160厘米，深80~100厘米，有条件的地方，应尽量沿高线修建成梯田。

③地形破碎的地方可采用鱼鳞坑进行整地。

④对土层浅薄、石砾含量高的土壤，可用炮炸塘，用0.5千克的炸药可开出1立方米的大土坑，或用挖机挖1米见方大坑。

坡地橄榄园

山地带状栽植

山地鱼鳞坑栽植

品种选择原则

根据甘肃的气候特点，选择品种时应综合考虑以下几个方面：

1.丰产稳产性

获得产量是栽培油橄榄的根本目的。能否高产稳产，是衡量良种的重要标志。要选择适宜种植区环境条件的早产、高产、稳产、优质和多抗性的品种作为主栽品种，最好选择经过当地种植后其生长、产量和品质俱佳的品种作为主栽品种。目前陇南表现较好的品种有：莱星、鄂植8号、科拉蒂、柯基（又名奇迹）、阿斯、豆果等。

2.栽培目的

要根据栽培目的不同，选择不同的油橄榄品种。以生产橄榄油为经营目标的园子应选择含油率高、油质好的油用品种，最主要的是根据单株和单位面积产油量。以加工餐用油橄榄果为经营目标的园子就应选用果肉率高、食用味道好、果实大小均匀的果用品种。根据果实大小、果肉率以及外形等方面的指标进行选择。

3.抗病性

病虫害严重阻碍生产，导致树势衰弱，产量低下，品质不佳。因此，所选择的良种必须具备较强的抗病力。

4.抗旱性

武都冬春干旱、夏季多雨，与油橄榄原产地的气候情况正好相反。油橄榄发芽、花芽分化、开花都需要大量的水份，干旱会影响树体生长和正常的开花结果的，因此，选择时要考虑品种的抗旱性为主。

5.主栽品种个数

每个种植园区，主栽品种及数量多少，应根据园地规划大小及小气候的差异而定。一般50至100亩的种植园选主栽品种3~4个。100至300亩选5~6个。一个种植园主栽品种以不超过5个为宜。在一个作业区内主栽品种不宜过多以2~3个为宜，尽量选择主栽品种长势，成熟期大体一致的品种，以便管理。矮化密植集约栽培园，适宜机械化采收，选择主栽品种要求能相互授粉，成熟度一致的2~3个品种。

品种配置技术

1.授粉品种选择的原则

（1）授粉品种都必须适应当地栽培条件，其对逆境（低温、干旱、水涝）和病害与主栽品种有相同的抗性。

（2）能产生大量正常的具有生命力的花粉，并与主栽品种有授粉亲和性。

（3）与主栽品种花期基本一致。

2.配置比例

油橄榄是异花授粉植物，如果各主栽品种之间相互授粉亲合力高，可以互为授粉品种进行等比配置，即各占50%。

若主栽品种之间不能相互授粉或授粉亲合力低，则需要配置授粉品种，主栽品种占80%，授粉品种占20%。

3.配置方式

授粉品种与主栽品种的距离最佳为20~30米，两者距离越近效果越好。授粉品种在不同条件的果园中有以下配置方式：

（1）中心式

即1株授粉树定植中心，周围栽植8株主栽品种。适用于平地油橄榄园，正方形或长方形栽植的橄榄园。

中心式授粉配置

行间授粉配置

株间授粉配置

（2）行列式

将授粉树和主栽品种按一定比例沿栽植行的方向成行栽植。平地果园沿作业小区长边或主风方向一侧，山地果园，按等高梯田的行向成行栽植。主栽品种和授粉品种比例4：1或5：1。

（3）点状式

已经建成的油橄榄园，如要引进授粉品种，可按点状配置，进行高接更换品种。

人工授粉试验

油橄榄结果状

油橄榄结果状

油橄榄结果状

栽植技术

1. 苗木选择

选用良种壮苗是油橄榄丰产栽培的重要环节。因此，栽种前必须对苗木进行检查和挑选。主要工作如下：

（1）核实品种：不论是自产苗或是外地苗都要在定植前核实品种；

（2）苗木质量：要求苗木粗壮、根系良好、无病虫害；嫁接苗要求嫁接口愈合良好。

2. 栽植时间

在春季未萌动前栽植，亦可在秋季苗木停止生长前栽植，如果是营养袋（钵）育苗或带土团的苗木，一年四季均可栽植。

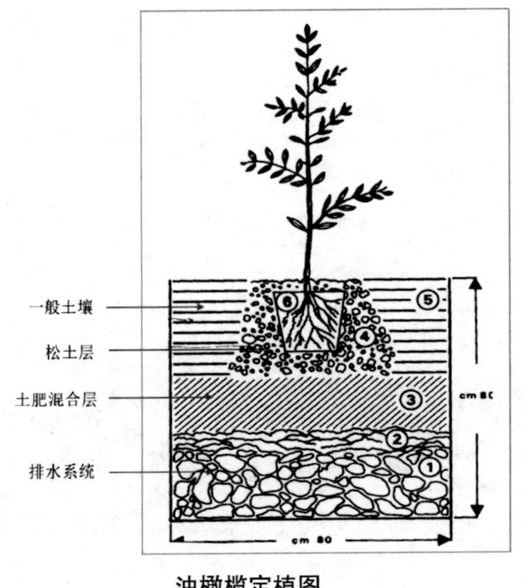

油橄榄定植图

3. 定植密度

平地或山台地根据树冠大小而定，在陇南常规栽植建议使用5米×5米或5米×6米，即每亩栽22~27株；山地果园栽植行沿等高线方向成行栽植，一般株距3~4米，台间距因地形而定；小台地和鱼鳞坑种植方法不要固定形状，随山种植。

4. 挖栽植坑

挖宽80厘米、深80厘米。将挖出的表土和心土分别堆放，以便表土回填。按每穴农家肥20~40千克、磷肥1~2千克和适量的钾肥施作基肥，再将心土填至离地面30厘米处，再将苗木放入坑内。

5. 栽植

（1）裸根苗栽植前，先剪除破损根、过长根，然后将根系蘸满加有生根剂的泥浆后栽植。栽植容器苗时，先去掉容器后放入定植坑。

（2）回填表土，回填高度以根颈与地面相平或高于地面5~10厘米为宜。

栽后管理技术

栽后1年内是苗木成活的关键阶段。管理的内容主要有立桩扶干、除萌、松土保墒除草、灌溉施肥和病虫防治等。

定植后应立即灌足定根水，待水渗干后可在树盘内覆盖一层秸秆，也可用地膜或塑料膜覆盖，四周用细土压实，这样有利于保墒和提高地温。

定植结束后，插一单杆支架或门框式支架，用绳将苗干固定在支架上，以免倒伏或被风吹弯。

定植后当顶芽变长，表明已成活开始生长。在此阶段，可以施第一次氮肥，每棵施15克，隔一月再施一次氮肥，每棵施15克，共2次。施肥最好结合灌水。

在幼树生长期应经常注意植株的生长势，一定要保持植株的主干直立生长，不能倾斜，要及时将主干延长生长的新梢扶直并系于支柱上，保持顶梢垂直向上生长。如果因某种原因主干顶梢受损或过于细弱，失去领导枝作用，可选择生长势强的侧枝代替主干延长枝，并将替代枝系于支柱上，随即将替代枝的竞争枝短截或疏除。

从主干或侧枝萌发的新梢，视其生长的位置和空间，有用则保留，无用则疏除。

覆膜

扶干

园土壤管理

1. 深翻改土

对新栽的幼树，每年可在定植穴外挖深度60~80厘米，宽40~60厘米环形沟深翻扩穴改良土壤；对于多年生树在栽植行内的株间及其两侧的土壤进行耕作深翻，深度60~80厘米，宽度为两行树冠外围投影之间距离。若原土壤不利于生长，可利用深翻换外来客土加以改良，结合深翻可增施有机肥。

2. 中耕除草

中耕次数根据当地气候、土壤质地和杂草而定。一般一年2~3次，深度5~10厘米，在杂草出苗期和开花结籽期进行中耕效果最好。

3. 种植绿肥

绿肥作物很多，按植物学分类，可划分为豆科和非豆科绿肥两种。一般来说豆科绿肥具有固氮作用，菊科、苋科绿肥含钾多，十字花科绿肥解磷作用强。常用的绿肥有：苜蓿、草木樨、紫穗槐、箭舌豌豆、三叶草、豌豆等。

4. 树盘覆盖

主要是在树盘内和树行内覆盖草（杂

客土改良

深翻改土

草、秸秆及种壳）或地膜等，从经济和效果综合考虑，在陇南建议树盘覆盖草，厚度10~20厘米，上面再覆盖一层薄土，任其腐烂。

苜蓿绿肥

三叶草绿肥

树盘覆草

树盘覆膜

间作技术

油橄榄园内进行间作是一项简单易行、花工少、收效快、好处多的土壤管理措施。新定植的幼龄油橄榄园（包括嫁接苗），一般需要3~5年以后才有经济效益。利用油橄榄树行间种植收益快的作物，可以短养长，弥补新油橄榄园早期收益少的不足。主要有以下几种模式：

1. 间作模式

（1）油橄榄—粮油作物间作

在油橄榄进入结果期和树冠封行以前，在油橄榄树行间间作粮食作物。常用

间作油菜

间作蒜苗

间作胡萝卜

间作树苗

间作药材

的间种作物有油菜、黄豆、小麦等。

（2）油橄榄—蔬菜间作

间作物主要有大葱、蒜苗、菠菜、莲花菜、韭菜等。

（3）油橄榄—药材间作

间作的药材品种很多，但要求管理细致，常用党参、柴胡、白芨等。

（4）油橄榄—树苗间作

在油橄榄行间开成1~2 米宽的长条苗圃，可培育多种苗木。如油橄榄苗苹果、花椒等。

（5）油橄榄—花卉间作

油橄榄行间播种短脚一串红、香石竹、各种矮棵菊类等管理较粗放的花卉。

2. 间作中应注意的事项

（1）正确选用间作物的种类：确定间作物的种类必须因时、因地制宜，既要考虑经济效益，又要不影响油橄榄树的生长。间种的作物以矮杆为好，玉米、高粱等高杆作物妨害油橄榄园内通风透光，影响油橄榄树生长结果，不宜选用；间作小麦要慎重，因小麦耗水，耗肥量大，只适宜在稀植油橄榄园，有肥源山区少粮地区间作。另外茄科土豆、辣椒、西红柿等的植物也不适宜间作。

（2）对各种间作物必须加强管理：油橄榄园必须及时中耕除草，加强肥、水管理。才能实现油橄榄树与间作物相互促进，否则相互争肥、争水矛盾突出，不能确保双丰收。

（3）为了保证幼年油橄榄树生长，在距离油橄榄树主干1~2米范围内不宜间种作物，以免耕作时损伤油橄榄根系。

施肥技术

1.施肥时间及施肥量

在陇南应注重以下几个时期施肥：

（1）促花肥：第一次追肥，在3月~4月中旬。以氮肥和磷肥为主。5年以上幼树每株施尿素0.5~1.0千克或人粪尿10~20千克；10年生以上油橄榄树每株施尿素1.0~1.5千克或人粪尿30~50千克。

（2）促果肥：油橄榄开花授粉后6月上、中旬，幼果开始形成，需要多种大量营养元素，此时需增施速效氮、磷、钾复合肥。每株结果树施复合肥（N、P、K）1.0~1.5千克。

（3）施基肥：采果后11月到翌年1月份进行。结合油橄榄园翻地，以施有机肥为主。如农家堆肥、厩肥、绿肥等。10年生以上结果树每株施50千克，适量配合施长效复合肥或钙、镁、磷2.0~2.5千克。

上述三次施肥，在甘肃油橄榄园缺肥区必不可少，也可根据油橄榄园的具体情况减少次数，但每年必须保证花前期追肥和秋冬施基肥。这两次关键性施肥要坚持，否则不能实现丰产。

2.施肥方法

（1）全园撒肥

在成年油橄榄园或密植油橄榄园，根

全园撒施

全园撒施

系布满全园时采用此法。即把肥料均匀撒在油橄榄园，结合秋冬翻耕、埋入土中。

（2）环状沟施肥

此法多用于幼树，结合扩穴每年向外扩展。方法是在树冠投影范围的外缘挖出宽、深各40~50厘米的环状沟。第一次挖环状沟时，尽可能深挖，一定要挖到原来的栽植穴边，不能留土埂，否则油橄榄根不宜穿入施肥沟。注意尽量少伤大根。施肥时先将杂草，秸秆放入施肥沟底层，再将腐熟的有机肥以表土混匀填入踏实，并及时在施肥沟内灌水，然后覆土。

（3）放射状施肥

适用于幼树或成年大树。方法是：以树冠边缘为中心离树干1.0~1.5米处向外开沟，沟成放射状4~8条，最好在两个骨干枝之间挖施肥沟，沟宽30厘米，深10~40厘米，近树干处宜浅，向外逐渐加深，不伤主侧根施肥后覆土，灌水。用此法施肥，每年要更换开沟的位置。

（4）株行间深沟施肥（对方沟施肥）

在油橄榄树株间或行间，隔一定距离开条状沟施肥，以后逐年交换位置。方法是在树冠投影范围的边缘，开挖深宽各40~50厘米的条形施沟，长度依树冠大小而定。第一年在东西两侧挖条沟；第二年在南北两侧开条沟；随着树冠的扩大，沟的位置逐年向外扩展。

环状施肥

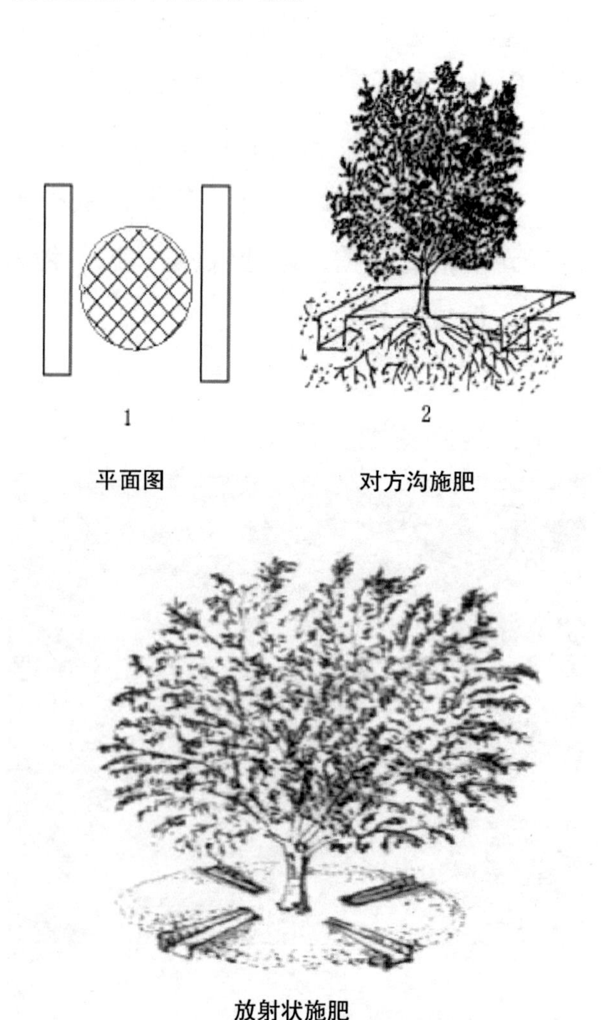

平面图　　对方沟施肥

放射状施肥

水分管理技术

1. 灌水时期

在甘肃陇南武都、文县、宕昌油橄榄园灌水时期如下：

第1次灌溉在开花前3个月（即2月份）；

第2次灌溉在开花前1个月（4月上旬）；

第3次灌溉选择在开花后20天左右（6月初）；

第4次灌溉在核硬期（8月上旬，根据降雨情况而定）；

第5次灌溉在果实采收后（12月份，很重要，一定要灌足）。

另外：在早晨发现油橄榄叶凋萎、果实皱缩，必须进行灌水。

2. 灌溉方式

地面灌溉：地势平坦、水源充足的地方，将水通过渠道或管道输送到橄榄园，进行沟灌或畦灌。

喷灌：通过管道、喷头将水均匀地撒布在土壤表面。喷灌灌水均匀，节省水量，还能调节橄榄园的温湿度。

管灌

滴灌

滴灌：通过滴头将水缓慢地滴入油橄榄根部土壤，借重力作用使水渗入根系分布区，使根系周围土壤保持最佳含水状态。滴灌不仅省水、保湿效果显著，还可以将肥料溶液混入水中进行滴灌施肥。

 3.油橄榄园排水

油橄榄树最怕积水，土壤水分过多，氧气不足，容易引起根系死亡。在排水不良地区的油橄榄园，特别是土壤粘重透水性差的油橄榄园，要注意雨季排水。排水方法多种多样，无论使用何种方法，目的是排除多余积水。常用的排水方法有：

（1）山地油橄榄园可在梯地内侧挖排水沟，既可排水又可作蓄水、灌水用，使多余积水流入排水沟排水；

（2）平地油橄榄园可挖固定排水沟顺沟排出园外；

（3）暗沟排水是较先进的排水方法。在油橄榄园内设暗沟管道排水不影响耕作，排水效果好，养护负担轻。主要缺点是设置排水工程投资高，管道易受泥沙堵塞，每年需清理；

（4）临时排水沟：根据降雨强度，对局部积水的油橄榄树，应及时挖临时排水沟排除积水。

地面喷灌

地插微喷

高接换优技术——插皮接

1. 高接前的准备工作

（1）高接工具与用品

切接刀、剪枝剪、手锯、高梯、塑料条、食品袋、报纸等。

（2）砧木选择

①选择树势生长旺盛、无病虫害的植株。

②对成片栽植密度较大的、品质差或产量低的植株进行改接时，可隔行隔株改接，待改接树成活后再间伐未改接树。

③对立地条件差，树势较弱的低产树，应加强水肥管理、改良土壤和病虫害的防治，等树势转强后再进行改接。

（3）品种选择

选择莱星、科拉蒂、鄂植8号、皮瓜尔等优良品种。

（4）接穗采集

采集丰产、生长健壮、无病虫害的优良品种成年植株的树冠外围中上部，生长充实、已木质化、通直、叶芽饱满的1~2年生枝条做接穗。生长季嫁接所用接穗一般是随采随接，采下的接穗应立即剪去叶片(仅留下叶柄)和生长不充实的梢端。

2. 高接季节

在陇南在4月中旬~5月中旬均可嫁接。

3. 插皮接方法步骤

（1）削接芽

选择生长健壮、木质化程度高、侧芽饱满的枝段作接穗。每段长5~6 厘米，在离芽0.5 厘米处下刀，用切接刀削成马耳形。反面左侧离芽 1.5 厘米削至形成层，上部留一对芽并带叶柄，芽上部留0.5 厘米左右，削面要平滑并保持干净。

（2）切砧

在选定的主、侧枝上距分枝点20~30 厘米处垂直锯断。用嫁接刀削平锯口，同一棵树不同枝上锯口位置、方向应相互错开。选择砧木光滑无节处，自上而下垂直划切，深达木质部，长度与接穗切面相等或略长些。每枝根据粗度可开1~4个嫁接口，且均匀分布。

（3）嵌芽

用拇指和食指拿着削好的接穗两侧，将接穗条插入砧木切口，下端抵紧砧木切口底部，插到大斜面在砧木切口上面稍微露出0.5厘米为止的伤口，叫“露白”。接穗与砧木的2个削面的形成层要对准贴紧。若切口大，则接芽靠半边，对准一侧的形成层。

（4）捆膜

用宽3~5厘米的长条塑料膜，从接口下面向上缠绕接口，特别要注意将砧木的伤口和接穗的露白处包严，捆膜时不能让接芽上下左右移位。

（5）接口保湿

用塑料袋自上而下套上，下部扎紧，顶部离接穗上端2~3厘米留一定空间，再用报纸或信封遮阳，形成一个相对封闭的

削接芽

切砧

嵌芽

捆膜

小环境以满足砧穗愈合时对温度和湿度的要求，同时防止接后雨水、病菌侵入以免造成接口腐烂。

4.接后管理

（1）立支柱

嫁接后在砧木嫁接部位的树枝上捆1~2根支柱，支柱长度在1.0~1.5米。

立支柱

接口保湿

（2）检查成活情况

接后15~20天后检查成活，若接芽新鲜、叶柄一碰即落，说明已成活；芽柄变黑、皱缩、僵软不掉，均未成活。

（3）放风

高接后20~25天左右，接穗开始萌动发芽，每隔2~3天观察一次，对展叶的接头及时进行放风。去掉报纸和信封，将接穗上端裹缠的塑料条由上向下解开，让嫩梢尖端伸出。切记不可一次全部解开。

（4）补接

经检查未成活的要及时补接，补接的部位要在死芽的下方并且不在同一垂线上。

（5）除萌

接芽萌发后及时抹去砧木上萌糵。一般除萌糵3~4次。待夏梢长成后，可将辅养枝分次剪去。

放风

（6）剪砧

芽接法待抽出新梢20厘米后，从接芽上方0.5厘米处向芽的背而微斜剪去砧木。

（7）解捆绑

新梢开始生长后分2次解除。第一次在新梢长到20厘米左右时，基部加粗明显时松绑塑料捆绑物，塑料捆绑物带松开后要按原方向缠好。第二次为雨季到来之前，要解除全部捆绑物。

（8）笼新梢

接穗新梢生长到20~30厘米时，将新梢系在支柱上，随着新梢的生长，固定新梢的工作至少要进行2~3次。

（9）疏梢

接穗新梢长到40~45厘米时要进行疏梢，可进行2~3次。

疏梢

疏梢后

高接换优技术——腹接法

腹接就是将接穗嫁接在砧木的中部，优点是愈合周期短、不易风害，同时增加果树内膛的的枝量，容易形成果树理想构架。

1. 接穗选择

采穗母树选择同区域生长健壮、无病虫害、具备丰产、稳产等优良性状的良种树。应选取丰产母树上部发育充实枝条做为接穗。

2. 砧木切削

在既定嫁接或者需要补充枝条的方向，选取光滑、平整部位从上而下斜切一刀，深达木质部。对于大砧木，在需要补充枝条的部位，从上而下地斜切（与砧木成45度）一刀，深入木质部。一般需要用工具敲打刀子，促进切口深入木质部，刀口长约4厘米。对于苗圃地生长的小砧木，则在离地约5厘米处，左手拿住砧木，使砧木在切口处弯曲，右手拿刀从上而下斜切一刀，深入木质部，近砧中心处伤口长3~4厘米。

3. 接穗切削

选择发育充实、芽体饱满或隐芽凸起、生长健壮的枝条，在芽上部0.5~0.8

腹接接穗

接合

毫米切取，接穗长4~5厘米，保留1/4~1/5叶片和2个芽体，在芽的垂直面，切削两个马耳形斜面，靠砧木的一面长约3厘米，背面长约1厘米，接穗切面光滑平整露出髓心。

4. 接合

一手向砧木切口相反方向推动，使斜向切口裂开，一手将接穗插入，其中使之大斜面朝里，接穗一边的形成层和砧木形成层对齐。

对于小砧木，如果和接穗的粗度相当，则力争使砧穗左右两边的形成层都对齐。

这种方法比劈接速度快，对接穗夹得比较紧。

5. 包扎

对大砧木进行腹接时，用宽3~4厘米、长约50厘米的塑料条捆严绑紧，也可以在伤口处涂抹接蜡或保护剂。

对小砧木进行腹接所用的包扎塑料条可以窄短一些。

包扎时先在接口上部，将砧木剪除，再将伤口连同剪砧口一起包扎起来，并捆紧。

包扎

防护

腹接大树

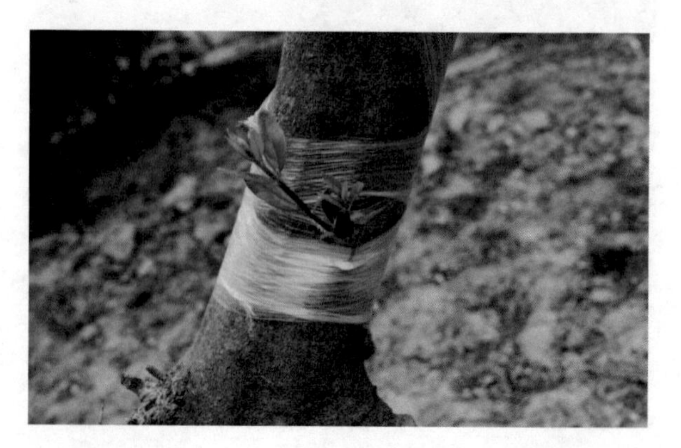

腹接成活

丰产树形的标准

1. 低干矮冠，树冠半圆

一般主干高度以50~60厘米为宜，树冠应呈半圆形或扁半圆形，树冠高度应控制在4米左右。

2. 骨干枝少，角度开张

丰产树的主枝数量因树形有所差异，一般以3~6个为宜，侧枝6~12个。主枝少空间大，角度开张，丰产树理想树型为“大枝亮堂堂，小枝闹嚷嚷”。小枝多，结果单元多，空间有效利用率高，产量高。

3. 结果枝配置合理

结果枝是着生在骨干枝上的生产单元。结果枝按其枝条数量多少，又分为大型结果枝、中型结果枝、小型结果枝和结果单元枝。在主枝上选留结果枝时应多留背生枝，少留侧生枝。在侧枝上选留结果枝时应多留侧生枝，少留背生枝。对全树来讲，内堂结果枝应多，外围应少。内堂以大型结果枝为主，外围以小型结果枝为主。所留结果枝应有大有小，有高有低，使其充分占据空间，达到内外结果，上下结果，立体结果，丰产稳产。

4. 适宜的叶幕厚度和叶幕距离

叶幕是由同一层或一个主侧枝上各类枝条的叶片构成，其厚度为叶幕厚度。上下两层叶幕的距离叫叶幕间距。丰产树形是既有大量结果枝组又能通风透光的树形，一般叶幕厚度在60厘米，叶幕间距80厘米为宜。

主要树形及造形方法——单圆锥形

1. 树形特点

单圆锥形是油橄榄自然生长的树形，又称自然式树形。树冠狭长直立、体积小、结果面积大，被各国广泛的用于高密度的集约栽培园（2 200株/公顷），幼树生长期短，结果早。结果期树冠的有效结果面积大，产量高，最适合采收机采果。

2. 造形方法

单圆锥形的整形主要依其自然生长形成，修剪为辅，整形期内要把握中心干的主导地位。为此，中心干的位置必须居于树冠的中心，始终保持直立的强生长势，使干周的侧枝分布均匀，长势均衡。

圆锥形的整形修剪过程与方法：栽植时先在定植穴里插上木杆，然后把苗木靠近木杆栽上，并及时用草绳或软塑料带把苗木主干系在本杆上，使其直立的自然生长，使侧枝沿着中心干均匀分布，形成完整的树冠。除剪去与中心干竞争的直立枝外，一般不作任何修枝。不管什么原因，如果一旦发现树顶（中心干延长枝）被损坏或生长转弱，应立即用附近一枝强壮的

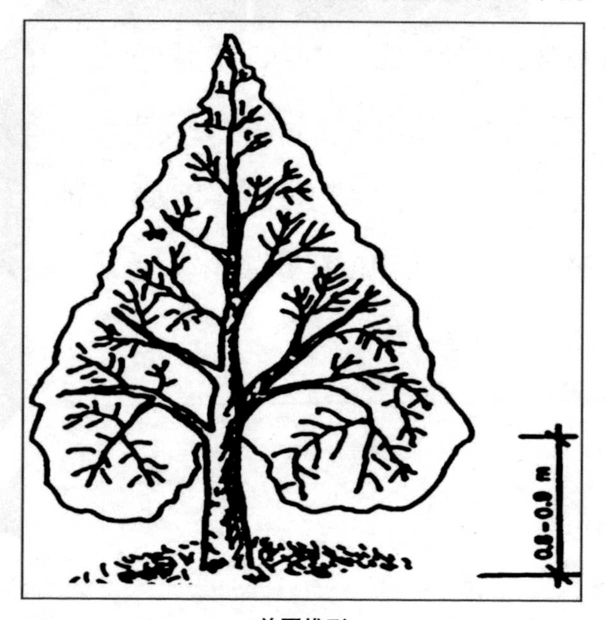

单圆锥形

单圆锥形

分枝来代替它，并将新选出的领头枝垂直地绑缚在木杆上。在8~9月份，将最低部（距地面35厘米左右）的侧枝剪去。

由于圆锥树形修剪的轻，生长迅速，第二年树高到达3米左右，由侧枝组成的树冠已经形成，这时修剪的重点转向树顶的修整操作上，及时疏除树顶的竞争枝，保留生长中庸的直立枝领头，严格控制领头枝的生长势，帮助侧枝生长和促进形成花芽。另外，侧枝在延长生长之后易出现下垂，长势转弱，此时，侧枝上的徒长枝增多。应通过夏季抹芽、冬季修剪清除徒长枝；还可采取缩小枝角的方法，保持枝头生长势，抑制徒长枝的发生。

第三年当树高基本定型，冠幅已达4米左右，全树约1/3的枝条形成结果枝。这一时期的任务旨在控制树顶和侧枝系统的修剪工作。树顶过重或转弱时，选择1个垂直生长的中庸枝或旺枝更替，并把领头枝以下的竞争枝全部疏剪掉。同时对树冠内部的细弱枝和徒长枝加以疏除，并显露出永久性的主枝结构，这些主枝要沿着主干螺旋式的分布，以便得到均匀的光照。以后的修剪主要是控制树高(不超过4.5米)，同时按比例地剪短侧枝。

单圆锥形

主要树形及造形方法—自然开心形

1. 树形特点

自然开心形的树形无中心干，由主干、主枝和侧枝构成树冠骨架。主干高0.6~0.8米，主枝3个，邻近配置，主枝开角35°~45°，枝间距20厘米，交错分布在主干上。主枝上适量配置侧枝，侧枝上均匀布满带叶枝，生长发育为结果枝结果。主干较低，主枝倾斜挺拔，生长健壮，侧枝上下分布均匀，与主枝构成圆锥状。树冠内骨干枝量少（无叶枝条）、分枝量（带叶枝条）多，叶木比高，结果面积大，单株产量高，适应中低日照区果园栽培。

2. 造形方法

苗木定植后，靠近苗的主干设1根垂直的支柱（竹竿或木杆），扶正苗木，严防苗木倾斜。栽植后的头1~2年不修剪或轻度的修剪，适当疏剪过密小枝、下垂枝。

当幼树生长达到定干高度时，在树干

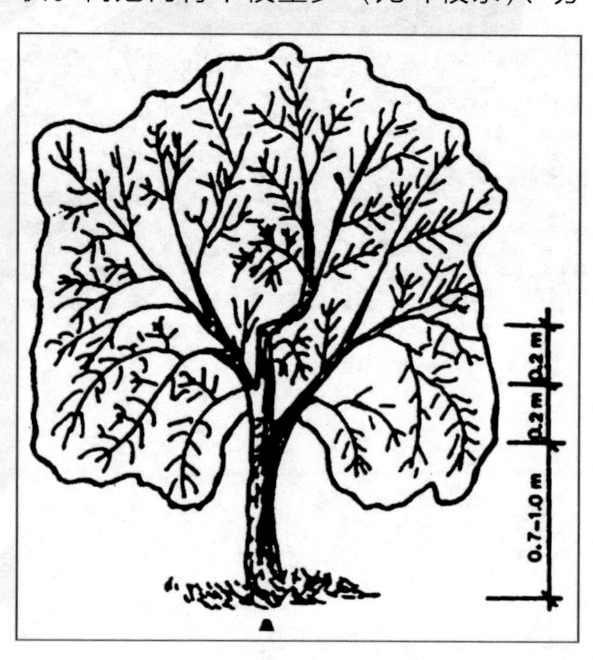

开心形

开心形经幼树

离地面0.6~0.8米处，由下而上选留3个生长健壮、方向分布均匀、并与主干开角45°的枝条做主枝，然后将主干截断。待3个主枝长到3米左右时断顶，这时主枝已经定形。但它在生长过程中年年都有变化，并用短截法修剪主枝的延长枝，控制主枝开角及其高生长，防止结果外移。

侧枝配置在主枝左右的背斜两侧，交替分布。侧枝由下而上依次缩短，位于主枝基部的侧枝，最长的不超过1.5米，位于主枝顶部的侧枝小于0.6米，与主枝构成上小下大的圆锥状结构，以利通风透光，扩大结果层次。着生在主、侧枝上的徒长枝，除可利用的外，采用抹芽的方法全部疏除，以免破坏树冠结构，维持营养平衡。

以侧枝为基枝，包括着生在侧枝上的营养枝和结果枝，构成结果枝组，当结果枝组的生长和结果开始下降时沿基部剪去，并在附近另选生长健壮的枝条作侧枝，培养成新的结果枝组。由此可知，油橄榄的侧枝既是一种结果单元，又是一类临时性的枝条，一般结果3~4年更新1次。它不像其他果树是一种相对稳定的骨干枝。通过对侧枝的修剪和更新，维持主枝和结果枝组的结果能力。

开心形冬态

开心形盛果期树

常用修剪方法

 1.疏剪

疏剪反应的特点是对剪口（伤口）上部的枝芽生长有削弱作用，伤口愈大作用愈强。对剪口下部枝芽有促进作用。疏剪应在土壤管理和整形基础上，以生长期疏剪为主，即春季抹芽和疏除嫩梢。伤口小，愈合快。

（1）生长枝疏剪：油橄榄分枝对生，节间短，枝条密集。疏剪时，从对生枝的基部剪1留1。剪后枝间距扩大，分布均衡，有利于生长。

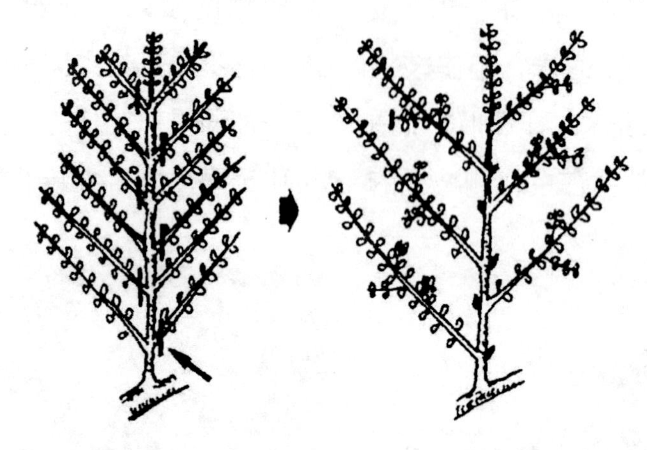

疏剪

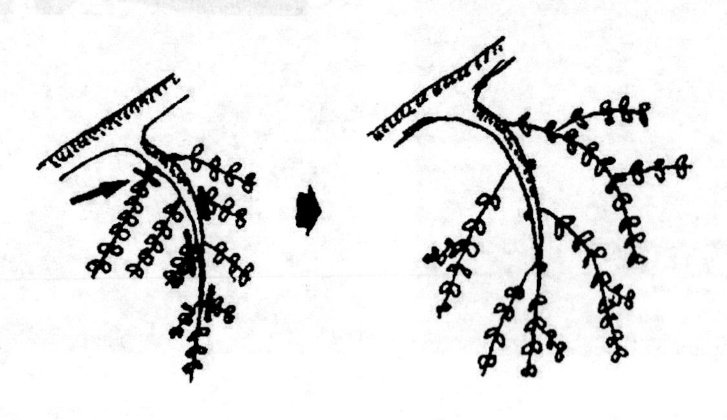

疏剪

（2）结果枝组疏剪：结果后，疏剪去已结果的枝，保留营养枝，扩大营养枝空间，促进生长和结果。

2.短截

1年生枝被剪截去一段称短截。短截依留枝条的长短分为轻、中、重短截。轻至剪除顶梢（如摘心），重至基部只留1~2对侧芽或副梢。实际应用中依据短截反应规律和目的而定。短截反应的特点是对剪口下的芽和副梢有很强的刺激作用，促进芽的萌发，使枝梢密度增加，降低了叶枝内部的光照，影响生长发育。

3.缩剪（回缩）

在多年生枝上剪截称回缩。缩剪反应的特点是对剪口后部的枝条生长和不定芽的萌发有促进作用，对基枝有削弱作用。

疏剪

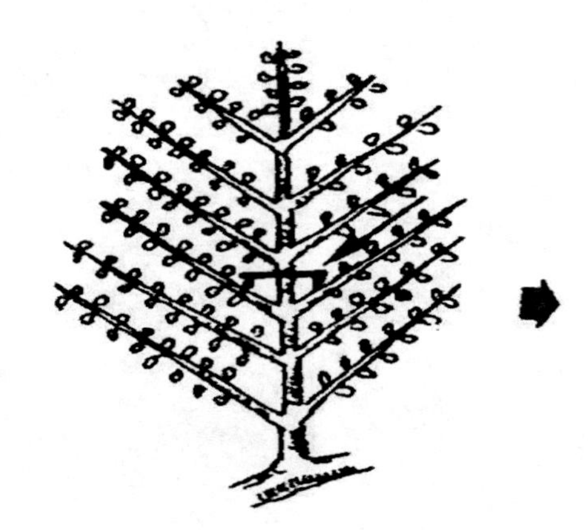

短截

缩剪常用于骨干枝、结果枝组和衰老枝的复壮更新。结果枝回缩剪去已结过果的枝条，剪口下保留枝位和枝势较好的发育枝，培养成新的结果枝组，提高结果能力。

4.剪口的状态和位置

修剪实际操作中普遍存在剪口位置不正确，影响伤口愈合和植株的总体生长。

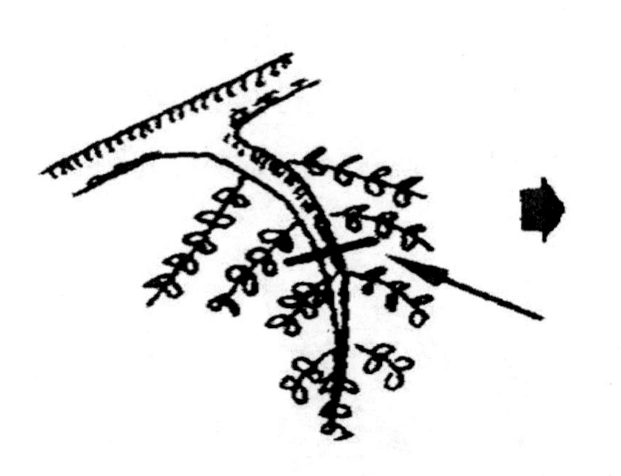

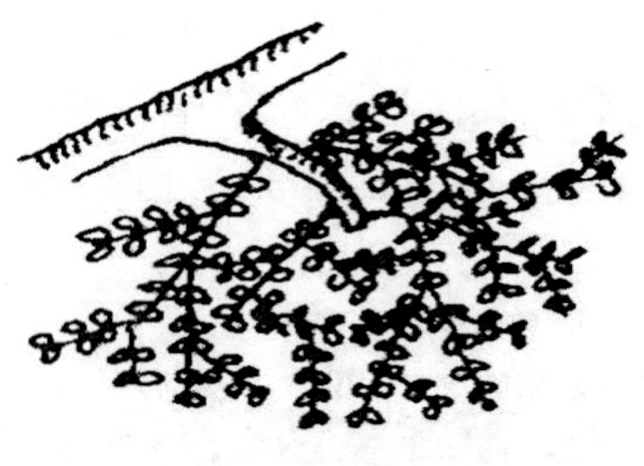

回缩

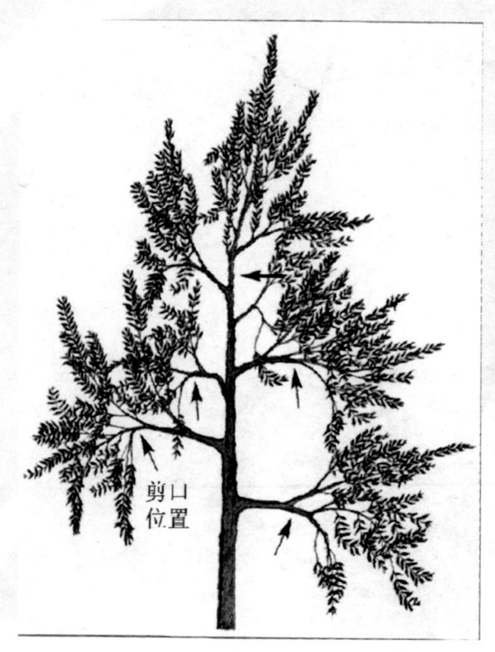

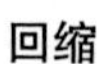

回缩

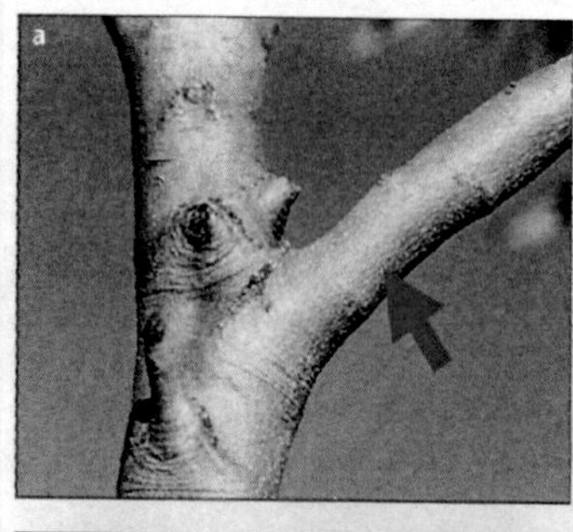

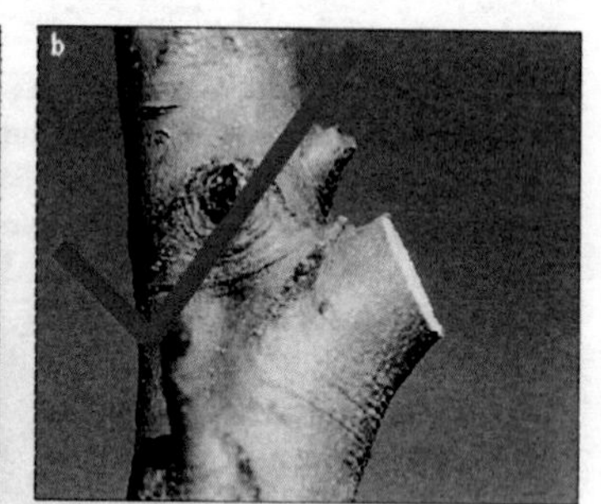

剪口位置

常见几种枝条修剪方法

1. 竞争枝

两个以上生长旺盛的并生枝条，修剪时选留一个方向合适生长健壮的枝条让其延伸生长，其余的枝条可以疏除或进行短截，也可在芽萌发后及早抹掉不必要的嫩枝芽。

2. 徒长枝

由主干、主枝、侧枝等枝条抽生的直立向上生长势很旺的枝条叫徒长枝。幼年树或初结果树上萌发徒长枝应及早由基部剪除，如徒长枝着生在原枝条空虚之处，为了填补缺枝，可在适当长度处短截，作为辅养枝培养，让其结果后回缩或剪除。衰老树上萌发的徒长枝，可作为老枝更新予以保留培养。

竞争枝（修剪前）

竞争枝（修剪后）

3.辅养枝

在主侧枝空间较大的地方萌发保留的枝条，不占据主侧枝位置，属临时性枝。辅养枝的选留，应以不影响主侧枝生长为前提。另外在主侧枝意外受损的情况下，它可以替主侧枝。辅养枝的修剪应坚持去强留弱，去远留近，逐年回缩，给主侧枝让路的原则。

4.下垂枝

向下生长的枝条，修剪时多采用疏剪或短截。

剪除和短截后作为辅养枝培养。

徒长枝

环剥，控制生长，形成结果枝

回缩,抬高生长角度。

疏剪

辅养枝

5. 交叉枝

枝条相互交叉生长，或新发枝条反向生长与其它枝条交错的枝条叫交叉枝。交叉枝多发生在树冠内部，极易扰乱树形，对这样的枝可将其中一枝从基部剪除。

6. 重叠枝

上下重复生长的枝条，在修剪中应对下部细弱枝条进行疏除，使其达到分布均匀，改善通透条件。

下垂枝

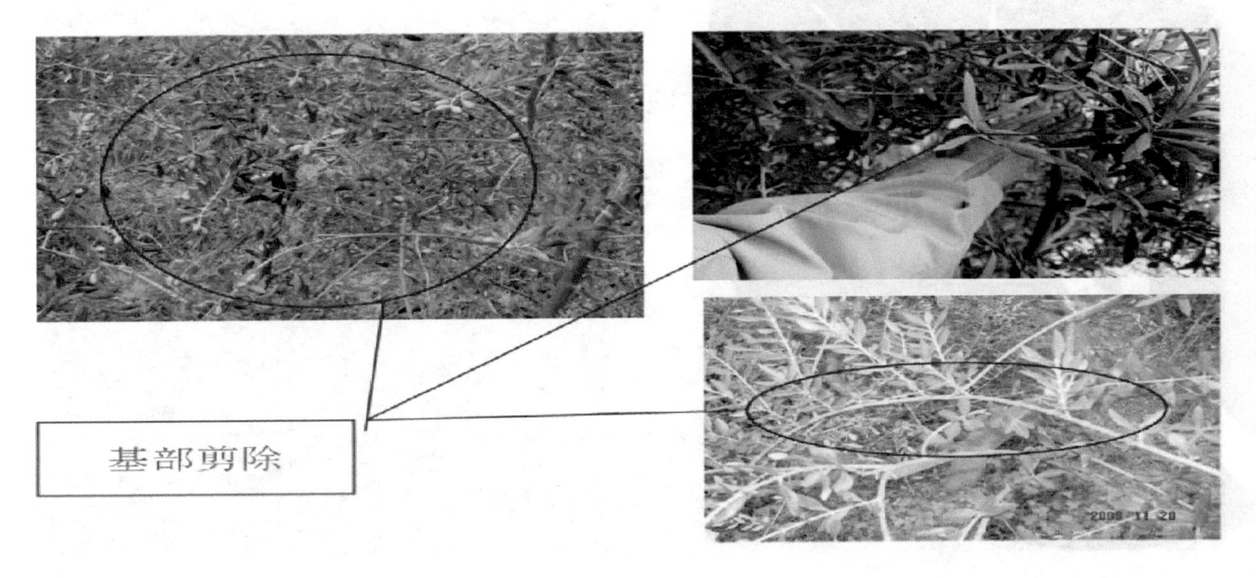

交叉枝

7.并生枝和对生枝

修剪时，将并生枝进行隔位疏除，使其保持适当距离。对称生长的枝条，修剪时可采取错位疏剪的方法进行，即剪一留一相互错开。

重叠枝

重叠枝

对生枝

并生枝

8. 细弱短枝和病虫枝

对生长势较弱的细短枝，在修剪中对细弱枝一般应进行疏除。

对遭受病虫感染的枝条，这类枝条一般应剪除烧毁。但对永久性枝，能通过防治恢复正常生长的，可通过防治途径解决病虫为害，不必剪除。

细弱枝

幼树修剪技术

1.幼树的特点

幼树营养生长旺盛，发枝多而密，但干性较弱，容易弯曲下垂，主干枝很难自然成形。因此，幼树修剪重点是整形，整形的目标是培养主干和主枝，形成合理的树冠结构。

2.修剪的基本原则

立杆扶直主干，轻修剪，多留辅养枝，促进幼树高粗生长。

3.修剪方法

幼树修剪是培育健壮的主枝。主枝的数量依树形而定。自然开心形一般是3个主枝，单圆锥形只有1个中心主干枝和侧分枝。利用枝干的自然生长趋势，按所选树形要求采用主枝换头和侧、主枝相互更替的方法，调整主枝的角度，也可以获得满意的效果。

对于已经自然形成树冠并开始少量结果的树，暂时不必按照某一树形的模式机械的整形。若对多余的骨干枝进行大量的疏除，会造成极大的伤害。应等待完全结果，生长转弱时，按照“因树修剪，随枝作形”的方法，将多余的主枝逐年除掉，改善光照，恢复树势。

幼树修剪（单圆锥形）

幼树修剪（开心形）

结果期树修剪方法

1. 树体特点

整形基本完成，树冠已经形成，骨架已稳定，但由于结果的影响，大量营养物质便由同化器官转向果实和种子，从整体上改变了生长与结果的关系，离心生长开始缓慢。这一时期的修剪任务，主要是调节营养生长与结果的关系。

2. 结果初期树的修剪

定植后5~10年的初结果树骨架基本形成，树冠达到一定冠幅。由于结果大量消耗营养，改变了树体生长与结果的关系，此时修剪，要调整营养生长和结果的关系，以轻剪为主，多疏少截。主要目的是继续扩大树冠，积极培育结果枝组，对侧枝上的营养枝通过疏剪和短截，促使形成预备结果枝。对树冠中下部的短枝、弱枝进行回缩，抬高枝角，促进生长。对不必要的徒长枝进行疏除，已结果的长枝可在中部或基部选留新的枝芽，其余全部短截，促进萌生新的预备结果枝。

3. 盛果期树的修剪

这种树结果较多，结果年除结果枝外，新梢的生长势转弱，骨干枝的离心生长基本停止，休眠芽或不定芽的萌发率提高，而成枝力降低。因此，大小年结果现象十分明显。对这种树的疏剪和回缩都要从重。回缩主枝，更新部分侧枝，缩小树冠体积。同时要结合深施基肥和改良树盘土壤，促进根系生长，提高营养生长和营养物质的积累，恢复长势，促进结果。

更新复壮修剪技术

油橄榄经过生长期和结果期后，逐渐进入缓慢生长衰老期。但是，油橄榄衰老树依靠自身的营养繁殖功能，仍然有很强的更新恢复能力。甘肃省引种油橄榄最早的园区，树龄已有30年上下，早衰非常普遍，已面临着更新改造的问题。根据油橄榄园的土壤、树的年龄和衰老程度不同，一般采用以下几种更新修剪方式。

1.截冠更新

树冠衰老，萌发力低，新梢生长弱，枝叶残缺，但主干以下生命活力尚在，更新力强，适宜截冠更新。截冠更新是指截去衰老的树冠，保留主干和根系，重建新的树冠，恢复生产能力。通常采用的截冠更新方法有两种，即截枝更新和截冠更新。

（1）截枝更新

截枝更新复壮修剪是地中海区油橄榄种植者常用的更新方法，就是把衰老的主枝分年度的从主干上疏除。目的是促进不定芽萌发，并为新梢生长开拓足够的空间。新梢就是树冠未来的主枝。

由于被疏除的主枝都是粗大的衰老枝，故剪切口的位置是否正确，直接影响不定芽萌发新梢与生长。当实施切去主枝时，切口位置应在主枝的基部与主干相连接隆起处。切口以下为有效不定芽的萌发区域。

实施更新修剪时，第一年，截去左侧的主枝（a枝），AB为切口位置。第二年，切口下萌发出较多的新梢。为培养健壮的主枝，选择分枝角适宜(35°~45°)，生长

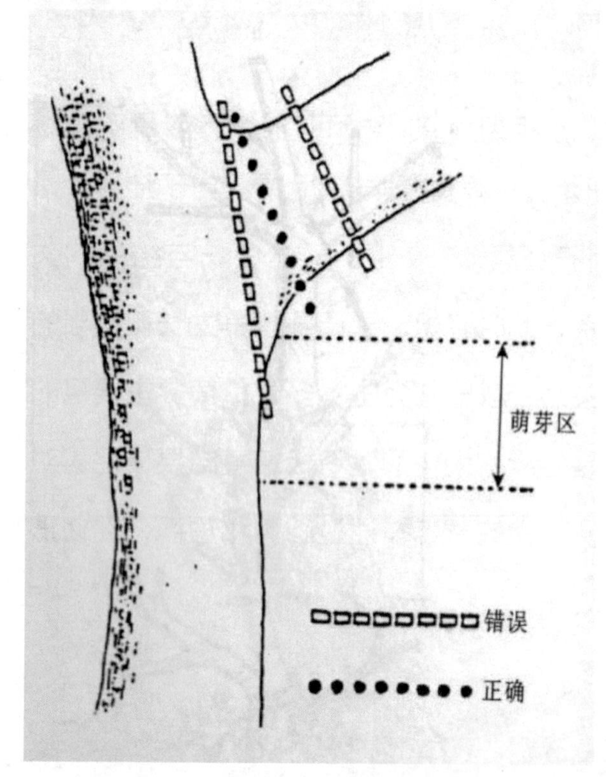

健旺的新梢作未来的主枝(a′)，对过多的新梢适当的疏间，以利主枝生长。同时对右侧的衰老枝（b枝）进行回缩，为新梢(a′)的生长拓宽空间，打开光路。第三年和第四年，左侧的新主枝已经形成(a′)，并开始结果。再切去右侧的衰老枝(b、c)。次年新梢萌发后任其生长。随后，从众多的新梢中选择分枝角适合的健壮新梢作未来的新主枝(b′c′)。经过4~5年后，形成了新的树冠，同时又进入新的结果更新期。在栽培管理好的条件下，同一株树的一生中可以进行3~4次这样的更新复壮。

（2）截冠更新

保留主干，将高大的衰老树冠全部或部分切除的一种更新方式。在地中海南部有些边缘的油撴榄种植区，因劳力限制，种植者不注重整形修剪，导致树冠高大（又称高头树）。高头树的特点是具有一个非常高的树冠中心主干≥8 米和一个非常低的叶木比。在陇南产区早期栽植的油橄榄也常出现这种现象。

高头树的修剪更新方法与步骤：首先降低树冠高度。在树冠的第一层选择3~4个方位分布均匀的主枝保留，作为更新后树冠的基础主枝，在被保留的主枝上方，把中心主干截去。此时，树冠高降至4米。再将被选留的主枝重回缩到具有1~4个侧枝处。对主枝的回缩要视树的活力，如活性尚在具有萌发力，可与中心主干同时回缩修剪，反之，隔1~2年，待树势有所恢复，萌发力增强时回缩主枝。最后，通过疏剪定枝，使树的骨干枝(无叶枝)分布均匀有序，形成新型圆头形树冠，4~5年后恢复生产力。

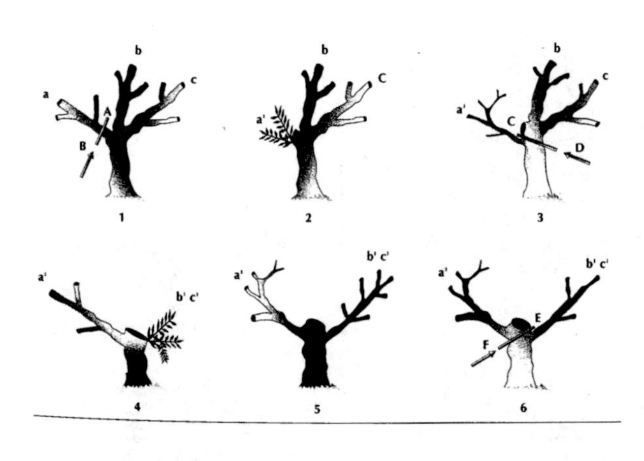

2. 截干更新

截去主干，促进根颈上的球状胚性芽萌发新梢，形成新的植株，恢复油橄榄产量的一种更新方式。

自然衰老和自然灾害（低温、干旱或水渍）都能使油橄榄生理机能丧失。除了表现在生长衰弱、落叶、小枝枯死、枝干萌芽稀少，产量低或不结果外，另一个重要标志是树干基部根颈处球状胚性体不定芽萌发力强，并能长成新植株。这表明截干更新适在其时。

截干更新的方法步骤：首先，把衰老的树干自地面下根颈处切去，不留残桩。断面要光滑不起毛，为防断面积水，把干周的树皮削成斜面，以利排水。截干后，根颈上的球状胚性体上的不定芽萌发，产生大量的新梢。新梢生长密集，强弱不一。但在1~2年内不必修剪这些新枝梢，因为要尽快地培育起充满活力的营养体，为根系生长提供养分。第三年或第四年，在根颈的左右两侧，选择3~4株生长势强、枝式和位置适合的幼株，培育新的树形，将周围其他所有的幼株疏除。第五或第六年，在左右两侧各留1个树冠完满的壮株，把多余的株疏去，这时更新已经完成，造成双干型的树形。

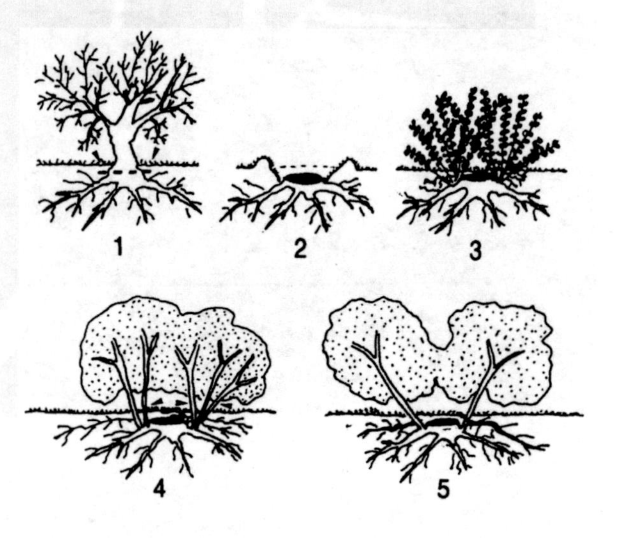

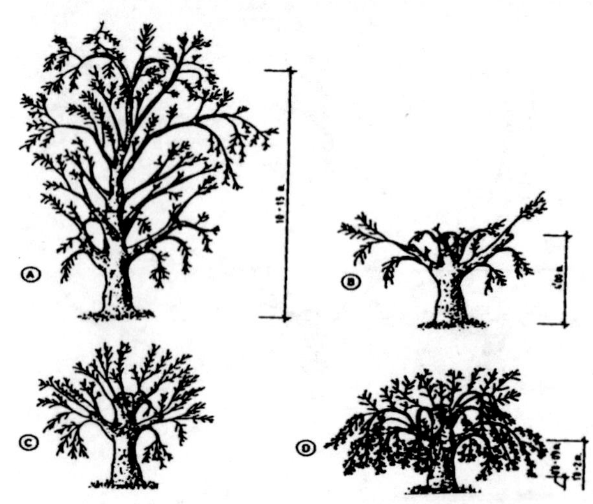

病害——苗木立枯病

立枯病又称猝倒病，是苗期常见的一种病害。立枯病危害多种果树，是一种较为普遍性的病害，会造成幼苗死亡。

1. 症状

苗木立枯病根据幼苗受害部位表现出的症状不同，一般分为三种类型：

（1）猝倒型：苗木出土1~2个月，苗木茎部木质化程度低，此时易受病菌侵入，幼苗基部呈褐色水渍状腐烂，干缩后变细倒伏地上死亡，称猝倒病。

（2）立枯型：苗木基部木质化以后受病菌危害，茎部呈水渍状暗褐色腐烂，叶片失水变为灰绿色逐渐死亡。该病常常延至根部腐烂，拔起苗木，皮层腐烂脱离存于土中，成为病源，继续在土壤中蔓延。此病在病区常呈小块状或成片死亡。苗木病死，但不倒伏，称立枯病。

（3）首腐病：在苗木种植过密、阴雨天气较长的情况下，病菌通过猝倒型的病菌、侵染相靠近的健康苗叶片部分，使叶片尖端先发病死亡，幼苗首端向下弯曲后延至基部，整株呈萎焉状，病苗死亡。

2. 病原

苗木立枯病的病原主要是：（1）镰刀菌（*Fusarium* spp.），属半知菌；（2）丝核菌（*Rhizoctonia solani* Kühn），属半知菌；（3）腐霉菌（*Phthium*），藻菌，有性世代产生卵孢子，无性世代产生游动孢子。

3. 发病条件及规律

菌丝能直接侵入寄主，通过水流、农具传播。以菌丝体或菌核在土壤或病残体上越冬，在土中营腐生生活，可存活2~3年。 病菌发育温度19℃~42℃，适温24℃；适应pH3.0~9.5，最适pH6.8。地势低洼、排水不良，土壤黏重，植株过密，易染病。阴湿多雨利于病菌入侵。前作系蔬菜地易染病。最适感染环境是营养土带菌或营养土中有机肥带菌；种子带菌；苗床地势低洼积水；苗床浇水过多，致使营养土成泥糊状、种芽不透气；长期阴雨、光照不足、高温高湿。

4. 防治措施

苗木立枯病种类多，病原多习居于旧苗圃地土壤中，充分做好预防工作，可控制病害发生。

（1）种子处理：播种前，用种子重量的0.2%~0.3%的福美双拌种，不但可以杀死种子表面的病菌，而且使种子播后不受土壤中病菌的侵害。

（2）土壤消毒，常用消毒剂：①硫酸亚铁，又叫黑矾、绿矾，它是苗圃中最常用的土壤消毒剂，使用方便，价格低廉。一般每亩喷施2%~3%硫酸亚铁水溶液250千克，或每亩用15~20千克硫酸亚铁粉末拌细土撒施；②发病期喷药：用1%的波尔多液或90%敌克松原粉800倍液~1000倍液喷洒病株。病害流行期7~10天喷1次药，连续使用3~4次，可控制病菌。

立枯病

立枯病

立枯病

病害——孔雀斑病

1. 症状

油橄榄孔雀斑病（*Cycloconium oleaginum* Cast.）是油橄榄的主要病害之一。叶片表面病斑开始出现时，为煤烟状的黑色圆斑，随着病斑的扩大，中间变为灰褐色，有光泽，周围为黑褐色，有时病斑周围有一黄色圆圈，似孔雀的眼睛，故名孔雀斑病。孔雀斑病主要为害油橄榄的叶片，也能侵染果实及嫩枝，严重者会造成大量落叶及严重减产。果实在成熟期较易感病，病斑圆形、褐色、稍下陷。枝条上的病斑不容易发现。

2. 发病条件及规律

孔雀斑病多发生在春、秋两季，凉而多雨季节有利病害发生发展。随着雨季的到来，该病为害进入盛发期。孔雀斑病在陇南地区第1个高峰期为4月上旬至6月上旬，10月中旬进入第2个发病高峰期，病情发展快。

降水偏多，种植过密，通风不良是本病严重发生的主要因素。

孔雀斑病

孔雀斑病

3. 防治方法

（1）农业措施

加强综合性栽培管理措施，增强树势，提高树体抗病能力；适时清除、烧毁病枝、病叶、病果，消灭越冬病源。

（2）化学防治

在雨季来临前2个月，以1：2：200波尔多液或绿乳铜乳剂600倍液~1000倍液进行预防。发病期每隔7~10天喷洒50%多菌灵可湿性粉剂500倍液~800倍液，或60%苯来特1000倍液~1500倍液进行防治。

孔雀斑病为害

孔雀斑病

孔雀斑病

病害——叶斑病

1. 症状

在甘肃陇南油橄榄产区新发生一种叶部病害，叶片感病后，正面产生褐色小斑点，病斑不断扩大，初期为白色，形成同心纶纹，中层形成褐色晕环，叶背没有受害症状。叶片受害部位周围渐失绿，后期变黄，大面积干枯，继而掉落。该病严重时会引起大量早期落叶。

2. 发病条件及规律

经调查，一年中，新叶于3月下旬开始发病，一直到12月上旬后停止侵染。

在陇南地区全年出现2个发病高峰期，从4月上旬到6月上旬为第1个发病高峰期，以后病情逐渐减弱，进入越夏阶段；10月中旬病情上升，出现第2个发病高峰期，病情发展快，病害在秋季的扩散侵染十分迅速严重。12月以后病害停止侵染，进入越冬阶段。橄榄叶上的老病斑2月上旬开始扩展，原病斑上出现一圈新鲜的晕圈破裂产生分生孢子，主要依靠雨水飞溅携带孢子及雨水在枝叶间传播侵染。

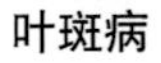

叶斑病

叶斑病

3. 防治方法

（1）农业措施

油橄榄叶部病害的防治应以检疫为主，严格检疫，控制病源，出圃病苗不应外运；对已发病的果园和发病的品种单株进行修剪，彻底清除病枝、叶等带菌体；加强果园管理，合理灌溉及施肥，适度修剪；做好病情监测预报，提前预防。

（2）化学防治

做好病情检测，以1：2：200波尔多液提前预防。叶枯病的2个发病前期选择生物制剂异菌脲1000倍液~1500倍液，多粘类芽孢杆菌2000倍液~3000倍液进行防治，每隔10~15天喷药1次，连续喷3~4次（异菌脲不能连续使用3次）。2种农药轮换交替使用，可有效控制病害蔓延。

叶斑病

叶斑病防治

叶斑病防治

病害——炭疽病

1. 症状

油橄榄炭疽病（*Colletotrichurm gloeosparioides* Penz）主要危害油橄榄嫩枝、嫩叶、嫩梢、花序梗以及果实，但以果实危害最为严重。叶片感病起初多发生在叶缘和叶尖。病斑最初为一个褐色小圆点，后扩散至全叶，病斑中心略下凹，呈灰白色，周围形成白色环圈，呈纶纹状排列。病斑中心出现许多黑色颗粒点，即为病菌分生孢子盘。感病叶片，叶尖由绿色逐渐变干呈浅灰色，向上卷缩呈钩状。枝梢感病始于叶柄腋芽处，病斑呈褐色圆点，进一步扩散感染整个嫩枝变为浅灰色，枝条死亡，叶片脱落，枝上散生黑色颗粒为病菌分生孢子盘，果实发病较枝叶晚。幼果形成后受病菌危害时，由于发病期气候条件不同，果实的危害症状亦不同。果实感病后在气候干旱的条件下，病部斑点呈灰褐色或暗褐色，果肉失水干缩，不脱落呈干僵果挂于枝条上。果实感病后在空气湿度大，多雨季节，病斑在果实上蔓延很快呈暗褐色，病部凹陷腐烂，由局部发展到全果。

炭疽病

炭疽病

2.发病条件及规律

发病最适温度为20℃~25℃，最适湿度80%以上。

病菌以菌丝体或分生孢子潜伏在枝、叶、果病残体组织中越冬。翌年春季气温回升、春雨来临，温湿度气候条件适合时，在病斑上产生大量分生孢子，形成传染源，借助风雨和其它昆虫媒体传播感染叶、果、嫩梢得病。

炭疽病在甘肃武都地区多发生于5月下旬雨季来临时节，温度、湿度适合病原菌生长，发病率增高，至1月中旬以后发病率减至最低。

3.防治方法

（1）农业措施

即时观察树情，发现病株。当枝梢顶端有枯死现象或果实出现病斑时，应及早摘除病果和剪除病枝，清理园地，注意排水，适当修剪，通风透光。

（2）化学防治

秋收采果后，全园喷一次0.3~0.5波美度石硫合剂。在春季新梢生长至花期，喷施1：2：200波尔多液2~3次预防，果实发病期用40%多菌灵可湿性粉剂500倍液~800倍液可以控制病害蔓延。

炭疽病

病害——黄萎病

1.症状

油橄榄黄萎病（*Verticillium* Wilt）表现症状为萎蔫、卷叶、黄叶、落叶和棕色叶，苗木至大树均受害，严重时可全株枯死。对于大树，在生长季早期，一个或多个枝条突然枯萎，随生长季而加重，后期树皮纵裂并布满褐色条状或块状病斑，木质部腐朽，全株枯死。对于幼树，整株树色变淡，生长较弱，叶片变黄，可能会枯死。有时油橄榄感病品种出现落叶但无叶片发黄症状，有时同时出现迅速萎蔫、叶片卷曲和叶发黄等症状。病枝剥去树皮后可见木质部变色，有浅褐色条纹，横切面上可见维管束部位点状或环状黑褐色坏死。

黄萎病

2.发病条件及规律

病菌以菌丝体或分生孢子在病树根部或病残体潜入土壤越冬。病害在果园扩散，主要依靠病根或病残体转移与健康根接触侵入树体，并随根系吸收水分运送扩散至维管束致病。土壤和空气温度影响油橄榄黄萎病的发生和流行，适宜温度为春季20℃~25℃ 。

3.防治方法

（1）选择无病害的土壤，加强果园管理，多施有机肥改善土壤结构，提高土壤通透性，做好排水。

黄萎病

(2)经常检查病情，即时观察树情，发现病株，挖除病株，带出园外焚烧处理。翻开被病菌侵染的地块，采用日晒土壤方法改造。

黄萎病

黄萎病

黄萎病

病害——肿瘤病

1.症状

油橄榄肿瘤病（*Pseudomonas savastanoi* Smith.）是典型的细菌性病害。

瘤发生于枝、干、根茎、叶柄、果柄等部位。起初在染病部位产生瘤状突起，表面光滑浅绿色；中期，肿瘤逐渐增大，形状不规则，表面粗糙，有裂纹，变成深褐色；后期肿瘤外部出现较深的裂隙，内为海绵状，后分崩脱落，形成溃汤，瘤内大量细菌，遇雨水或空气潮湿，由孔道溢出或呈黏液状附在瘤外。

2.发病条件及规律

病原菌是一种极毛杆菌，病原细菌在肿瘤内越冬。由雨水、昆虫或人为活动传播，经伤口或叶痕等浸入，刺激分生组织，形成肿瘤。病菌能多次重复侵染。发病多在嫁接口附近。潜育期长短取决于温度、湿度，温度达23℃，相对湿度84%以上时，人工接种后，两周即表现症状，自然情况下约20天。

肿瘤病

肿瘤病

3. 防治方法

（1）农业措施

剪除肿瘤是最简易方法，剪下的病枝集中烧毁。异地引种加强检疫。因冻害、修剪、采果等原因造成的伤口，要消毒保护。

（2）化学防治

树上伤口用1000单位链霉素液或0.1%升汞液消毒。外地繁殖材料引进时，应严格检查，实施检疫。

肿瘤病

肿瘤病

肿瘤病

虫害——橄榄片盾蚧

1. 为害症状

橄榄片盾蚧（Olive scale，*Parlato-ria oleae* Colvee），常群居于树枝条、新梢、嫩叶上为害，吸取树液。当橄榄片盾蚧大量发生时，常密被于枝叶及果实上，介壳和分泌的蜡质等覆着在果实及枝叶表面，严重影响植物的呼吸和光合作用，造成树势衰弱，严重时整株死亡。橄榄片盾蚧在种植过花椒、柑桔树的油橄榄园常有发生。

2. 虫态及发生规律

（1）形态特征

成虫分雌雄两性。雌成虫，虫体近圆形，体背硬化，上覆盖一层灰白色的蜡质介壳，虫体较大，长1.5~2.0毫米，腹部呈紫红黑色。雄成虫体型较雌虫小，长0.8~1.0毫米，宽0.3~0.4毫米，翅长1.2~1.5毫米，蚧壳灰白色，拱起，腹部暗黑色，触角鞭状，胸足3对，行走自由。卵淡紫红色，呈长椭圆形。卵在雌虫蚧壳的保护下孵化成若虫，初为白色，长大后为暗灰色，虫体扁平，长椭圆形，体长0.6毫米，体背暗灰色，幼若胸足2~3对，行走灵活。蚧壳虫雌虫不化蛹，只有成虫在蚧壳下化蛹，最后羽化为成虫，蛹呈椭圆形褐黑色。

（2）生活习性

橄榄片盾蚧以若蚧、成蚧以及卵3种形态在油橄榄的枝条上越冬。该虫以卵生方式进行繁殖，2~3月是卵的孵化盛期，

橄榄片盾蚧

橄榄片盾蚧

卵孵化为若虫，在母体介壳下停留1~2天，然后外行经过短时间爬行后，寻找固定有营养地方，即形成蚧壳。橄榄片盾蚧繁殖力很强，每头雌成虫产卵200~300粒，每年发生1~2代，且有世代重叠现象，世代极不整齐。3月上旬，虫口急剧上升，低龄若蚧在树冠内和油橄榄不同植株间迅速扩散蔓延；4月底至6月上旬为扩散高峰期，是危害油橄榄的最严重时期；6月随着雨季的到来，雨水的冲刷以及天敌活动会使虫口数量急剧下降；一般在9月至10月份，接近雨季末期，又有一个小的发生高峰；12月下旬，开始越冬。橄榄片盾蚧能借风力或鸟足及其它昆虫传播；多聚集在叶背主脉或避光的枝条附近，高温且高湿条件下最易发展，潮湿而通气不良处容易发生，但高温、干旱却能引起成虫死亡；0℃以下，卵和幼虫难以成活；大雨、暴风也能引起1龄幼虫死亡。

3. 防治方法

（1）人工防治

结合冬季修剪除虫枝，发现若虫用刀刮除。

（2）生物防治

保护或人工放养天敌跳小蜂、长尾小蜂、异色瓢虫、七星瓢虫、螳螂等，控制盾蚧发展。

（3）药剂防治

10月中旬至第2年4月上旬，结合修剪清除有虫枝条；4月中旬至6月上旬、8月上旬至9月下旬，轮换交替使用40%速扑杀乳油1000倍液加害立平1000倍液、25%蚧死净1000倍液加害立平1000倍液，或99%绿颖喷淋油200倍液、48%乐斯本乳油1500倍液~2000倍液加害立平1000倍液，淋洗式喷洒树体。

橄榄片盾蚧

橄榄片盾蚧

虫害——大粒横沟象

1.为害症状

大粒横沟象（*Dyscerus cribripennis* Matsumura et Kono）属鞘翅目（Coleoptera）象甲科（Curculionidae），又称油橄榄象鼻虫。大粒横沟象的成虫和幼虫均能为害，成虫主要取食油橄榄的嫩枝、树皮；幼虫主要横向为害油橄榄主干30厘米以下韧皮部并侵入边材，致使输导组织受到破坏，从而妨碍树木体内养分和水分的输导和再分配，导致树势衰弱，危害严重的油橄榄整株死亡。

2.虫态及发生规律

（1）形态特征

成虫：长椭圆形，体长12.2~14.5毫米，全身黑褐色有光泽并密布灰褐色鳞片。头部前端延长呈象鼻状，喙弯曲，密布刻点，前端两侧具有1对膝状触角10节，赤褐色。鞘翅有两条明显的条状隆起，翅末端有两个尖角。胸足1对，腹足2对。卵乳白色，椭圆形，长约1.4毫米，宽约1.0毫米。

幼虫：乳白色，全体疏生黄色短毛。体长1~17毫米，咀嚼式口器。头部黄褐色，上腭黑褐色，下腭及下唇须黄褐色。腹部10节，两边各有4对气孔，足退化。蛹：裸蛹；其体形、大小与成虫相同，仅体色不同，刚化蛹时为乳白色。

大粒横沟象

大粒横沟象

3. 生活习性

大粒横沟象在陇南地区1年发生2代，以老熟幼虫在枝干中越冬。翌年4月上旬成虫开始活动，4月中旬为成虫活动盛期，雌雄虫体进行交配、产卵。产卵时成虫将树皮咬成刻槽，每个槽内产卵1~2粒，最多3粒，卵经7~8天可孵化出幼虫。幼虫取食进入韧皮部，随着虫体增长，取食量增加，5月下旬至7月上旬为幼虫为害盛期，7月下旬至8月上旬为蛹期，待1~2周后开始羽化，8月中旬至下旬为成虫第2次活动高峰期。经2~3周后孵化成幼虫，部分后期产的卵不孵化，翌年4月上旬开始孵化，有世代重叠现象。成虫行动迟钝，飞行力弱，有假死习性，喜在树冠下部阴面活动，阴湿天气喜在树枝分叉处栖息，是进行人工捕杀成虫的良好机会。

4. 防治方法

（1）农业措施

可利用成虫的假死习性，在树下铺网，清晨振动树枝，成虫受惊落入网中，集中处理。成虫越冬期结合果园施肥，在树干周围刨土捕杀越冬的成虫。

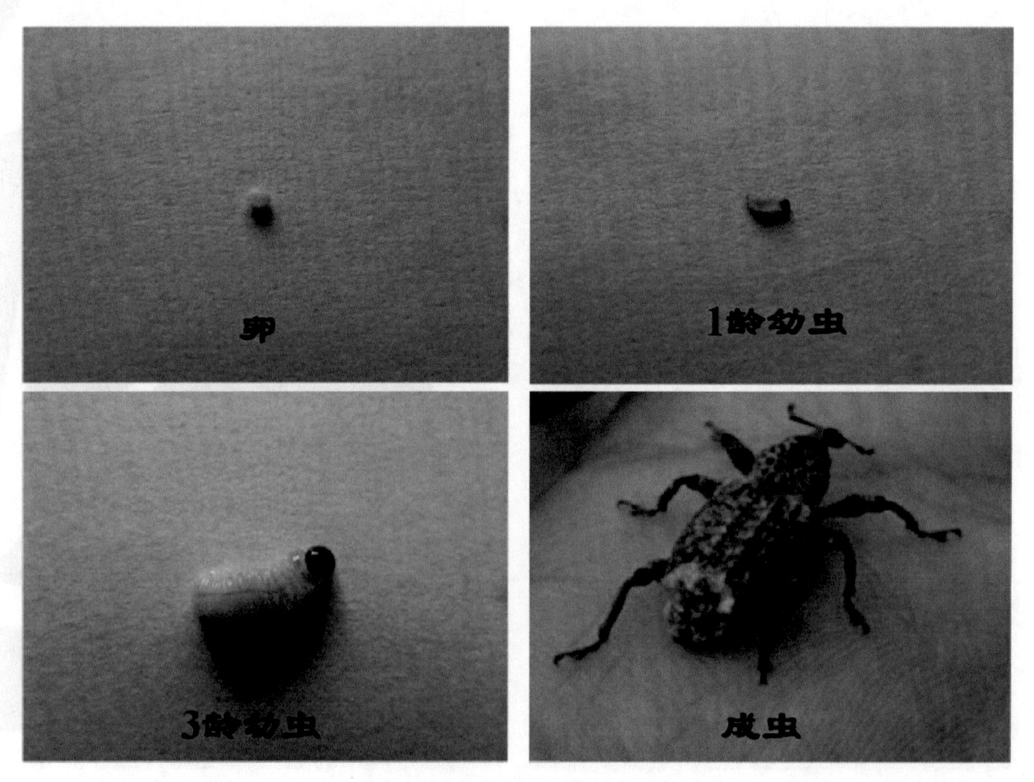

大粒横沟象

（2）化学防治

成虫防治方法：将绿色威雷400倍液或2%噻虫啉微胶囊悬浮剂1000倍液，以背负式超低容量喷雾器在树干下部距地面50厘米以下部位及树根周围直径1米范围内喷雾，喷湿树干及地面稍湿润药液开始滴流即可，用量1千克/株药液。

幼虫防治方法：选用1.5亿孢子/克球孢白僵菌可湿性粉剂采取地面浇灌或涂抹，地面浇灌以400倍液~500倍液浇灌树根周围直径60厘米范围内，用量3千克/株药液；涂抹：使用黄土、牛粪、1.5亿孢子/克球孢白僵菌可湿性粉剂加水拌成泥，涂抹树干下部50厘米至根颈部而后用地膜包裹，黄土、牛粪、白僵菌可湿性粉剂与水的重量配比是3000：3000：20：2000。

大粒横沟象防治

大粒横沟象防治

虫害——云斑天牛

1. 为害症状

云斑天牛（*Batocera horsfieldi* Hope），又名云斑白条天牛。甘肃油橄榄栽培区均有不同程度的发生。云斑天牛属杂食性害虫，能危害多种经济树种。

成虫啃食枝条嫩枝皮，有时啃成环状通道造成枯死。幼虫钻入木质部蛀食，造成多条通道，以致树势衰弱，产量下降，严重时全株枯死。

2. 虫态及发生规律

（1）形态特征

成虫：雌虫体长40~60毫米，宽10~15毫米，触角比体略长；雄虫触角超过体长1/3，体色黑色或黑褐色，密被绒毛。鞘翅上由2~3行白色云片状斑纹，其头、胸、腹两侧各有一条白带，为识别特征。卵长椭圆形，长约7~9毫米，稍弯，一端略细，黄白色，不透明。

幼虫：长70~80毫米，淡黄白色，前胸背板上有一“山”字形褐斑。裸蛹，长40~70毫米，乳白色至淡黄色。

（2）生活习性

2年发生1代，以幼虫或成虫在蛀道内越冬。次年5~6月出洞活动，昼夜均能飞翔，夜晚活动频繁。6月上、中旬为产卵盛期，卵多产在直径5~7厘米粗的枝干上，卵期15天。6月下旬~7月上旬为孵

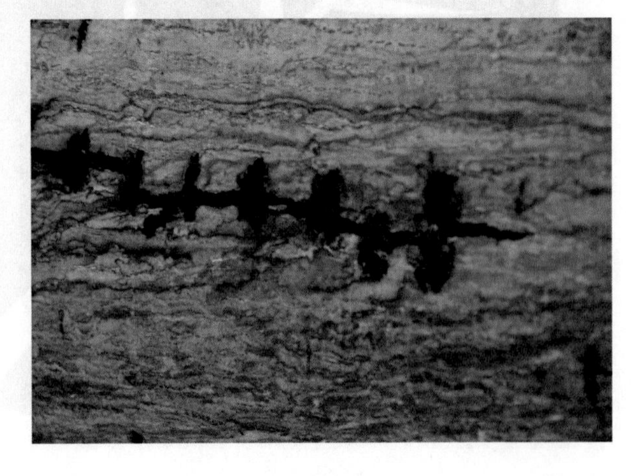

云斑天牛

云斑天牛

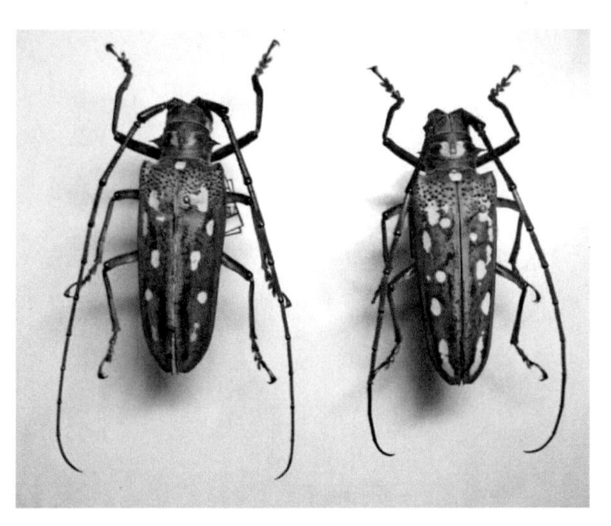

云斑天牛

化盛期。初孵幼虫在枝干皮层内蛀食危害，10月中下旬进入休眠。第2年春季继续为害，直到8~9月幼虫老熟，9月中、下旬大量羽化，以成虫或蛹越冬。第2年5~6月出树。

3.防治方法

（1）农业措施

5~6月捕杀成虫于产卵前。6~7月刮除树干虫卵及初孵幼虫，人工用木锤击杀卵粒或低龄幼虫。用铁丝通过木屑排泄孔直接刺杀幼虫。

（2）生物防治

人工释放致病性真菌或云斑天牛病毒。保护林间天敌跳小蜂和小茧蜂。

（3）化学防治

云斑天牛

去除虫粪或木屑后插入敌敌畏毒签，孔口用泥团密封。从虫孔注入80%敌敌畏100倍液或用棉球沾50%杀螟松40倍液塞虫孔。9~10月成虫羽化期喷洒“绿色威雷”类微胶囊触破式杀虫剂触杀成虫。

云斑天牛

虫害——桃蛀野螟

1. 为害症状

桃蛀螟（*Dichocrocis punctiferalis*）以幼虫为害油橄榄，初孵幼虫在油橄榄果实基部吐丝蛀食果皮，然后蛀入果心，蛀孔分泌黄褐色胶液，周围堆积大量虫粪，造成直接经济损失。

2. 虫态及发生规律

（1）形态特征

成虫：体长12毫米左右，翅展22~25毫米。黄至橙黄色，体、翅表面具许多黑斑点似豹纹。前翅正面散生27~28个大小不等的黑斑；后翅有15~16个黑斑。雌蛾腹部末端圆锥形。雄蛾腹部末端有黑色毛丛。

卵：长椭圆形，稍扁平，长径0.6~0.7毫米，短径约0.3毫米。初产时乳白色，近孵从呈红褐色，卵面有细密而不规则纹。

幼虫：末龄幼虫体长22毫米。体色多变，有淡褐、浅灰、浅灰兰、暗红等色，腹面多为淡绿色。头暗褐，前胸盾片褐色，臀板灰褐。中、后胸及1~8腹节，各有不规则圆形的黑褐色毛片8个，排成两列。前列6个，后列2个。

蛹：长10~14毫米，纺锤形，初化蛹

桃蛀野螟害状

时淡黄绿色，后变深褐色。头、胸、腹部1~8节背面密布细小突起，腹部末端有细长两卷曲的臀棘6根。茧灰褐色。

（2）生活习性

在甘肃陇南年发生3代。主要以老熟幼虫在树皮裂缝、被害僵果、乱石缝隙结茧越冬。越冬代成虫于5月中旬开始羽化，6月上、中旬为羽化盛期。5月下旬田间始见卵，盛卵期在6月上、中旬。成虫喜在枝叶茂密的树上产卵。卵期5~8日。第1代幼虫孵化盛期在6月中、下旬。6月中、下旬老熟幼虫在被害果极佳或树皮裂缝处结茧化蛹。第1代成虫于7月上旬羽化，盛期为7月下旬至8月上旬。该代成虫产卵于晚熟品种的桃和石榴上。7月中、下旬第二代幼虫开始孵化，8月上、中旬是第2代幼虫盛发期，7月下旬幼虫化蛹，第2代成虫盛期在8月中、下旬。第2代成虫在油橄榄上产卵为害，9月上旬至10月上旬进入3代幼虫发生为害期，10月中、下旬气温下降则以3代幼虫结茧越冬。由于寄主分散，世代重叠，成虫发生不整齐。

桃蛀野螟成虫

桃蛀野螟的发生量与雨水有关。一般4~5月多雨，相对湿度80%以上，越冬幼虫他蛹和羽化率均高，有利于大发生。

3.防治方法

桃蛀野螟食性杂，除加强果园防治，对周围农作物也不容忽视，才能奏效。

（1）农业防治

建园时不宜与桃、梨、苹果、石榴等果树混栽或近距离栽植。

（2）化学防治

在9月上旬至下旬，油橄榄树上喷布20%氰戊菊酯（杀灭菊酯）4000倍液~7000倍液或40%水胺硫磷乳油2000倍液，50%杀螟硫磷乳油1000倍液等农药，半月后再喷1次。

（3）生物防治

喷洒苏云金杆菌75倍液~150倍液或青虫菌液100倍液~200倍液。

（4）诱杀成虫

成虫发生期，采用黑光灯、糖醋液、性外激素诱杀成虫。